红河州
农业气候资源区划

李华伟 刘 佳 主编

内容简介

利用云南省红河州多年气象观测资料，基于地理信息系统分析了红河州光照、热量、降水资源的时空分布特征，对红河州进行了精细化气候热量带和气候水资源区划；将光照、热量、降水资源结合地形、植被等因素对红河州的农业区进行了综合农业气候资源区划，将红河州划分为13个农业气候分区，并提出了各区的农经作物种植种类建议。本书可为红河州农业发展规划、产业布局、防灾减灾、气候变化适应提供科学依据，可供农业、林业、气象、水文领域从事相关科研、教学、生产的科技人员阅读参考。

图书在版编目（CIP）数据

红河州农业气候资源区划 / 李华伟，刘佳主编. --北京 : 气象出版社，2022.10
ISBN 978-7-5029-7836-5

Ⅰ. ①红… Ⅱ. ①李… ②刘… Ⅲ. ①农业气象－气候资源－红河哈尼族彝族自治州 Ⅳ. ①S162.227.42

中国版本图书馆CIP数据核字(2022)第196022号

Honghezhou Nongye Qihou Ziyuan Quhua
红河州农业气候资源区划
李华伟 刘 佳 主编

出版发行：气象出版社
地　　址：北京市海淀区中关村南大街46号　**邮政编码**：100081
电　　话：010-68407112(总编室)　010-68408042(发行部)
网　　址：http://www.qxcbs.com　**E-mail**：qxcbs@cma.gov.cn
责任编辑：张锐锐　吕厚荃　**终　　审**：吴晓鹏
责任校对：张硕杰　**责任技编**：赵相宁
封面设计：艺点设计
印　　刷：北京建宏印刷有限公司
开　　本：787 mm×1092 mm　1/16　**印　　张**：5.25
字　　数：141千字
版　　次：2022年10月第1版　**印　　次**：2022年10月第1次印刷
定　　价：49.00元

《红河州农业气候资源区划》

编　写　组

主　编：李华伟　刘　佳

成　员：蒋欣芸　构箭勇　李艳春　谢映海
朱黎阳　杨薪屿　赵盛彬　方　杰

序

红河哈尼族彝族自治州(简称红河州)位于中国云南高原的东南麓，北纬23°26′的“北回归线”贯穿全州。低纬度云南高原是东亚季风环流和印度洋季风环流的交汇之处，云南高原的自西北向东南延伸的横断山脉，到了红河州地区即是哀牢山山系，它与红河河水相依相随，使得红河州地区高山与深谷交互、平坝与群岭共融。优越的地理位置、独特的大气环流背景、多样化的地形地貌，构建了世界上唯一具有的低纬度高原亚热带季风天气气候特征，使得红河州成为镶嵌在中国低纬度云南高原上的一颗绿色璀璨明珠。在这块多姿多彩的土地上，耕植了以哈尼梯田水稻为代表的多民族多元化农作物，养育着世世代代汉族、哈尼族、彝族、傣族、壮族、苗族、瑶族等多民族勤劳勇敢的人民。

随着中国经济现代化进程的快速发展，人民对提高生活水平的需求渐趋迫切，发展高原特色农业是乡村振兴、促进红河州经济社会发展、满足人民需求的重要战略。根据低纬高原的亚热带季风天气气候特征，组织研究和制定《红河州农业气候资源区划》，将为实施这一重要战略提供重要的科学技术支撑。

根据习近平总书记2015年1月考察云南时“要立足多样性资源这个独特基础，打好高原特色农业这张牌”的指示，红河州委、州政府立足资源优势，着力调整农业产业结构，以“一个中心、五个示范”(滇南中心城市；高原特色农业示范、产业转型升级示范、文化旅游融合发展示范、沿边开放开发示范、民族团结进步示范)的目标构建红河州的多元高原特色产业体系，推动优势产业快速发展，形成了红烟、红酒、红果、红菜、红米、红木、红糖、红药、红畜九大“红系”优质农产品产业齐头并进的发展格局。红河州气象科技工作者在红河州政府项目“红河百万亩高原特色农业示范区产业培植”的支持下，编著了《红河州农业气候资源区划》，给出红河州农业气候资源的三维空间高分辨率大数据考查和区划的数字化报告，提供气象要素垂直与水平分布高度不均匀的山地气候对红河州农经作物及其种植适宜性的影响的依据，厘清开展高原特色农业的气象资源基础库容，为高效利用农业气候资源和合理布局农业产业结构，提供了重要的科学依据。相信该成果在红河州开展相关农业规划、发展农业产业、农业新品种试验推广、招商引资中发挥重要作用。《红河州农业气候资源区划》是红河州气象科技工作者为加快红河州的农业发展、乡村振兴以及社会经济高质量发展而奉献赤诚之心的重要作品。

陆汉城*

2022年8月18日

---

* 陆汉城，国防科技大学气象海洋学院教授、博士生导师，享受国务院政府津贴，中央军委通令授记二等功，入选《20世纪中国知名科学家学术成就概览》，是国内外享有声誉的知名气象学家。曾于1970—1978年在红河州气象台工作，始终牵挂着红河州气象事业的发展。

前言

气候资源分布状况决定着一定区域内的农业种植制度、农作物布局、农业技术改进等诸多方面，气候因子作为农业生产的主导因子，比其他自然环境因子对农作物的影响更为深刻和广泛。同时，农业生产越发展，农业生产水平越高，农业与气候的关系也越密切，因气候异常引起农作物产量的波动也越大。农业气候区划反映农业生产与气候之间的关系，是根据农业对气候资源环境的特定要求，所作出的能够阐明气候与农业生产关系的一种地理空间上的分类，其目的是将某个地理区域划分成不同等级的农业气候区域单元，以便于阐明农业生产与气候之间相适应的关系，为决策者制定农业区划和农业发展规划，充分利用气候资源和防御气候灾害提供可靠的科学依据。

20 世纪 60 年代，我国先后开展完成了省级农业规划和区域的农业气候区划。1978 年以后，虽然在全国范围内又一次开展农业气候资源调查和区划工作，完成了全国农业气候区划、种植制度区划、各种主要作物气候区划、畜牧业气候区划，但是，多年来农业气候区划中的一些关键问题始终未得到很好解决，如怎么确定农业气候指标和体系，怎么提高区划分区的定量化水平和客观性，怎么积累基础资料和建立数据库，怎么进行区划成果的配套和综合等。而随着计算机技术、遥感技术和地理信息系统的快速发展，气象观测系统的不断完善，土地类型、地形条件、气象资料的数字化水平越来越高，运用地理信息系统进行气候资源定量精细化研究已成为开展农业气候区划的新趋势。

为全面、客观、定量地掌握农业气候条件对红河州农业经济作物及其种植适宜性的影响，并为红河州相关农业生产发展规划、农业生产技术和管理措施的制定和实行提供科学依据，在红河州政府的大力支持下，在云南省气候中心的指导和帮助下，由红河州气象局组织完成了红河州农业气候资源精细化区划工作。

本区划采用当前先进、成熟的地理信息系统，经过认真细致的现场实地调查，引进完善的气候资源空间分布计算模型，结合卫星反演技术，重点对红河州光、温、水等气象要素进行分析，得到了红河州光照、热量、降水三项最重要的气候资源的精细化时空分布特征；在此基础上，采用对农业生产具有决定性作用的热量因素作为一级区划指标，将对农业生产具有限制作用的降水和光照因素作为二级区划指标，完成了红河州的综合农业气候资源区划。

红河州气候资源区划成果主要包括 90 m×90 m 网格点分辨率的红河州逐月和逐季节日照空间分布特征、逐月和逐季节气温(平均气温、极端最低气温、极端最高气温)分布特征、三级积温(0 ℃、10 ℃、15 ℃)分布特征、逐月和逐季节降水量分布特征、农业气候热量带区划及适宜农业作物建议、水资源区划、综合农业气候亚区区划及适宜农业作物建议等。

作者

2022 年 7 月

目录

第 1 章　红河州地理及气候概况

1.1　地理概况

红河哈尼族彝族自治州(以下简称红河州)地处云南省南部,位于东经 101°47′—104°16′,北纬 22°26′—24°45′,东接文山壮族苗族自治州,西北与玉溪市为邻,西南接普洱市,东北部与曲靖市相连,北与昆明市相靠,南与越南毗邻。红河州与越南有 848 km 的边境线,有河口、金水河两个国家一级口岸,是昆明到越南河内经济走廊的重要部位和关键环节。红河州辖区面积 32931 km^2,东西最大横距 254.2 km,南北最大纵距 221.0 km。

红河州地势西北高、东南低。以红河为界,分北部和南部地区,东面属于滇东高原区,西面为横断山纵谷的哀牢山区。哀牢山沿红河南岸蜿蜒伸展到越南境内,为州内的主要山脉。红河大裂谷把境内地形分为南北两部分,南部为哀牢山余脉,山高谷深坡陡,地形错综复杂;北部为岩溶高原区,山脉、河流、盆地相间排列,地势较为平缓,喀斯特地貌尤为突出(图 1-1)。境内最高海拔为金平县西隆山 3074.3 m,最低海拔为河口县红河与南溪河交汇处 76.4 m(云南省海拔最低点),山区面积占总面积的 88.5%。北回归线穿越个旧市、蒙自市、建水县。红河州的水系分属红河水系、珠江水系,南部属红河水系,北部属珠江水系,河流主要有李仙江、藤条江、南溪河、曲江、甸溪河等。红河州的湖泊均为淡水湖,分布在南盘江流域,主要有异龙湖、赤瑞湖、三角海、大屯海和长桥海。

红河州辖蒙自、个旧、开远、弥勒 4 个市,建水、石屏、泸西、元阳、红河、绿春 6 个县,金平苗族瑶族傣族、屏边苗族、河口瑶族 3 个少数民族自治县,135 个乡(镇),1285 个村委会(社区)。2021 年末红河州户籍人口 469.7551 万人,其中,汉族 180.2393 万人、哈尼族、彝族、壮族、傣族、苗族等少数民族 289.5158 万人,少数民族人口占总人口的 61.63%。

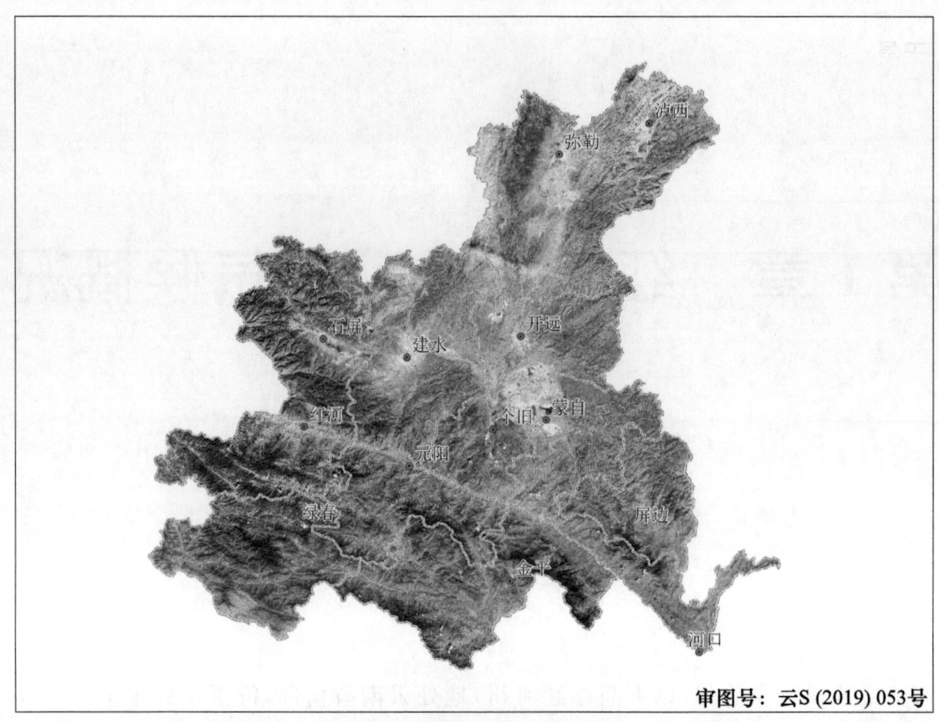

图 1-1　红河州卫星影像图

1.2　气候概况

红河州地处低纬高原季风气候区域，在大气环流与特定下垫面条件综合影响下，形成了雨热同季，干湿季分明；冬无严寒，夏无酷暑；日温差大，年温差小等气候特点。冬、春季在热带大陆干暖气团控制下，红河州大部地区天气晴朗，光照充足、气温较高；夏季降水集中，阴雨日数较多；秋季降温较快，秋粮作物易受低温影响。由于红河州位于云南高原向东南倾斜的坡面上，是热带西南季风和东南季风交互出现的过渡地带，境内地貌复杂，导致光、热、水资源垂直差异大于水平差异。海拔近百米的河谷到海拔 2400 m 以上的山顶，年平均气温相差达 11.5～14.0 ℃。在一个局部区域范围，具有“一山分四季，十里不同天”“山前山后、不同气候”的特征。每年 5—10 月为雨季，降水量占全年降水量的 80%以上，其中连续降雨强度大的时段主要集中于 6—8 月，但具有时空地域分布极不均匀和暴雨集中、强度大的特点。

1.3　主要气象灾害

红河州主要气象灾害有干旱、暴雨洪涝、冰雹、雷暴(雷电)、霜冻、大风、低温冷害等。

1.3.1　干旱

干旱是红河州最主要的气象灾害之一。干旱主要发生在冬、春季节。干季(11 月—次年 4 月)降水量仅占全年降水量的 20%,冬春干旱是气候规律。因此,即使气候处于常态,降水量不减少,水资源也是不足的。特别是每年 3 月、4 月由于增温快,高温低湿,风速大,蒸发旺盛,农作物耗水量增加,而土壤水分已减少至最低值,因而春旱在红河州各地普遍存在,但干旱时段与强度存在年景差异,一般情况下,中北部春旱重,南部轻,即蒙自、弥勒、泸西、建水、开远、个旧、石屏春旱重,红河、元阳、绿春、金平、屏边、河口春旱相对偏轻。春旱是红河州小春单产低而不稳的主要原因。另外,如果夏半年降水偏少、特少,可引发农业干旱、相关行业领域受旱,影响正常的生产及生活。

1.3.2　暴雨洪涝

气象行业中,将 24h 降水量 50.0～99.9 mm 称为暴雨,100.0～249.9 mm 称为大暴雨,≥250.0 mm 称为特大暴雨。红河州全年均有暴雨发生,3 月最少,其次为 1 月、2 月,再次为 4 月,从 5 月起骤然增多,最多为 7 月(达 456 站次),6 月、8 月次之,10 月以后明显减少,红河州 90%的暴雨出现在 5—10 月(表 1-1)。红河州暴雨过程的平均降水量为 58.5～74.7 mm。暴雨相对集中在州南部的绿春、金平、河口、屏边。主汛期各地因强降水、暴雨、连续性降水可诱发暴雨洪涝出现。在干季,因常年春旱、春耕生产需水紧缺,局地强降水、暴雨一般不会造成重大洪涝灾情出现。

表 1-1　红河州月平均暴雨日数

月份	1	2	3	4	5	6	7	8	9	10	11	12
暴雨日数(d)	0.5	0.5	0.3	0.6	3.4	7.7	9.7	6.4	3.9	2.3	1.3	0.7
频率(%)	1.3	1.3	0.7	1.7	9.2	20.7	26.1	17.2	10.5	6.2	3.4	1.8

1.3.3　冰雹

冰雹是从发展强盛的积雨云中降落到地面的固态降水,直径一般为 5～10 mm,大的可超过 30 mm。红河州降雹期主要集中在 1—5 月,而 3 月、4 月发生最多,12 月最少。2—4 月为冰雹的高发期,占 73%,其中 3 月、4 月最多,分别占 25%、34%。从 6 月开始,红河州的冰雹日数急剧减少,呈现下降趋势,其中最少为 12 月(表 1-2),但 6 月、7 月、8 月出现的冰雹往往给水稻、玉米、烤烟、经果林木等带来重大损失。红河州降雹较多的地区主要集中在泸西、弥勒、个旧、建水、石屏、元阳、绿春、金平、屏边等地。由于仅在国家气象站开展冰雹观测记录,可能其行政区域内出现冰雹灾害而无记录;另一方面,由于开展人工消雹作业,冰雹坠地现象减少,或移至本行政区域外坠落。

表 1-2 红河州各月降雹日数统计

月份	1	2	3	4	5	6	7	8	9	10	11	12
月平均(d)	0.65	1.72	2.93	3.90	1.07	0.28	0.17	0.24	0.21	0.17	0.14	0.10
年占比(%)	5	14	25	34	9	2	1	2	2	1	1	0.9

1.3.4 雷暴(雷电)

雷暴是伴有闪电和雷鸣的云间或云与大地间的放电现象,具有电流幅值大、陡度大、冲击电压高的特点。雷暴可能直接击中或间接影响到物体而造成损失灾害。红河州1—12月均会出现雷暴,冬季雷暴日数最少,夏季最多,春季多于秋季。若将1.0 d内达到或超过4个国家气象站出现雷暴的定义为一个雷暴日,则红河州年平均雷暴日数94.6 d,各地年平均雷暴日数为40.0～65.0 d,属多雷击灾害发生区域。雷暴日数与年度降水量多寡成正比关系,与春夏强对流天气频繁出现有密切联系。从月份看:4—9月雷暴日数多,其中6—8月为雷暴的高发期,占全年雷暴日数的51%,10月—次年3月雷暴少(表1-3)。雷暴强弱与前期气象干旱有一定联系,旱涝急转时段天气过程雷暴偏强,雷电灾害增多。

表 1-3 红河州各月雷暴日数

月份	1	2	3	4	5	6	7	8	9	10	11	12
月平均(d)	1.1	2.9	6.2	11.6	11.4	13.3	16.4	18.1	9.3	3.1	1.0	0.2
最多日(d)	4	8	14	25	23	19	28	24	18	10	10	2

1.3.5 霜冻

霜冻是指植物在生长季节,空气温度突然下降,致使植株体温降低到0 ℃以下而受害甚至死亡的一种农业气象灾害。红河州霜冻出现在10月—次年3月。其中,以1月、2月和12月出现频率最高,占94%,4—9月几乎不会出现霜冻(表1-4)。从地理位置看,纬度和海拔较高的泸西、弥勒霜冻出现次数最多,分别占59%和20%,位于红河河谷的红河、河口很少发生霜冻,说明在红河州范围内,海拔、地形等地理条件是影响霜冻出现的重要因素。

表 1-4 红河州各月霜冻日数统计

月份	1	2	3	4	5	6	7	8	9	10	11	12
月平均(d)	5.0	2.0	0.3	0.0	0.0	0.0	0.0	0.0	0.0	0.1	0.3	4.9
年占比(%)	40	16	3	0	0	0	0	0	0	1	3	39

1.3.6 大风

大风是指近地面层风力达蒲福风级8级(平均风速17.2 m/s)或以上的风。大风对农业生产造成直接和间接危害,除了可造成农作物和林木折枝损叶、拔根、倒伏、落粒、落花、落果和授粉不良等机械损伤外,还影响农事活动和破坏大棚等农业生产设施。红河州大风多出现在

1—5 月，每年从 1 月开始逐月增多，至 3 月、4 月达到高峰，月大风次数最多可达 65 次，5 月后大风开始减少，6 月以后进入少大风时段。红河州的大风多为春季大风，占全年大风的 65%，其次是冬季大风，占全年大风的 25%，然后是夏季大风占 6%，最少为秋季大风，仅占 4%。红河州有 3 个大风高发区，分别是泸西、红河、蒙自，河口是大风少发区。泸西年均大风在 18 次以上，红河、蒙自年均大风 10 次以上；河口年均不到 1 次。

1.3.7　低温冷害

低温冷害主要是指农作物因倒春寒、寒露风、秋季连阴雨等天气影响，正常生长停止，或受到抑制、冻伤、直接死亡等现象，是红河州农业生产、特色种植业生产必须高度重视的气象灾害之一。在大春作物生长季节，倒春寒和寒露风是最主要的低温冷害。

在春季中后期(3 月下旬—4 月)，大春作物进入育秧期后，若日平均气温低于 10 ℃，将影响作物幼苗生长，如果日平均气温小于 10 ℃持续 3 d 以上，则称为倒春寒。由于纬度、海拔较高和地形原因，常年 3 月下旬—4 月日平均气温低于 10 ℃的平均天数最多为泸西 3.3 d，其次为屏边 2.0 d，个旧 1.0 d，弥勒 0.9 d。泸西、屏边、个旧、弥勒容易出现倒春寒，河口、金平、绿春、元阳等地的高海拔地区也会出现倒春寒，但河谷地带不易出现倒春寒。

在 8 月—9 月上旬期间，若日平均气温低于 20 ℃，将影响大春作物的扬花授粉、灌浆、乳熟，致使粮食减产。这段时间如果日平均气温连续 3 d 以上低于 20 ℃即称为寒露风。夏末初秋的气温主要与降雨、冷空气入侵、地形、海拔等因素相关，常年 8 月至 9 月日平均气温低于 20 ℃的平均天数最多为泸西(53.0 d)，其次为绿春(42.0 d)、个旧(40.2 d)、屏边(23.2 d)。泸西、屏边、绿春，以及个旧、蒙自、弥勒、开远、元阳的山区易出现寒露风。

在冬季，当出现寒潮或冷空气滞留较长时间时，属于热带的屏边、河口、金平的河谷地区也会出现冷害。

第 2 章　基础资料分类及处理

本区划应用的资料主要包括：

1. 基础地理数据：主要有红河州 1∶25 万县乡行政边界、水系、铁路、公路、居民点等，以及红河州 1∶25 万数字高程(DEM)及其生成的坡向、坡度和其他地形因子。

2. 气象观测资料：气象观测数据来自云南省气象信息中心和红河州气象局，数据包括红河州 13 个国家基本气象站近 36 年(1981—2016 年)及红河州境内 128 个区域自动气象观测站近 9 年(2008—2016 年)逐日地面气象资料，包括平均气温、极端最低气温、极端最高气温、积温、日照时数和降水量等。

2.1　基础数据整理与分类

基础地理数据是空间型的基础数据集，它是将国家基本比例尺地形图上各类要素，包括水系、境界、交通、居民地、地形、土地利用等按照一定的规则分层、按照标准分类编码，对各要素的空间位置、属性信息及相互间空间关系等数据进行采集、编辑和处理建成的数据集。本区划中所使用的基础地理数据为 1∶25 万基础地理信息数据，数据包括矢量型的地形要素数据和栅格型的数字高程模型数据(Digital Elevation Model，DEM)。

2.1.1　矢量要素数据

矢量要素数据是利用点、线、面的形式来表达现实世界，具有定位明显，属性隐含的特点。由于矢量数据具有数据结构紧凑，冗余度低，表达精度高，图形显示质量好，有利于网络和检索分析等优点，在地理信息系统中得到广泛的应用，特别在小区域(大比例尺)制图中充分利用了它精度高的优点(图 2-1a)。

红河州 1∶25 万矢量要素数据是由水系、等高线、境界、交通、居民地等六大类的核心地形要素构成，其中包括地形要素间的空间关系及相关属性信息。

2.1.2　数字高程模型数据

数字高程模型是在高斯投影平面上以二维矩阵的形式来表示空间数字高程的数据集和数

据组织方式。每个矩阵单位称为一个栅格单元(cell)。该数据集从数学上描述了一定区域地貌形态的空间分布,它可以利用已采集的向量地貌要素(等高线、高程点)和部分水系要素作为原始数据,进行数学内插获得(图 2-1b)。也可以利用数字摄影测量方法,直接从航空摄影影像采集。其中,陆地和岛屿上格网的值代表地面高程,海洋区域内的格网的值代表水深。

红河州 1∶25 万数字高程模型数据是依据 1∶25 万数据库数据生成 90 m×90 m 格网形式的红河州 1∶25 万 DEM。该数据集采用 3°分带的高斯—克吕格投影、1980 西安坐标系和 1985 国家高程基准。

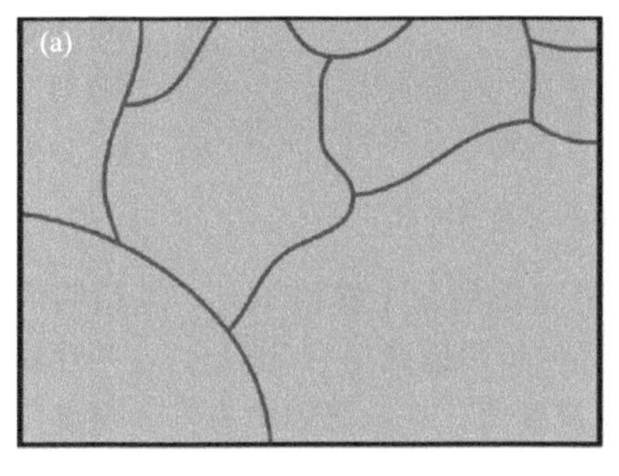

多线段要素

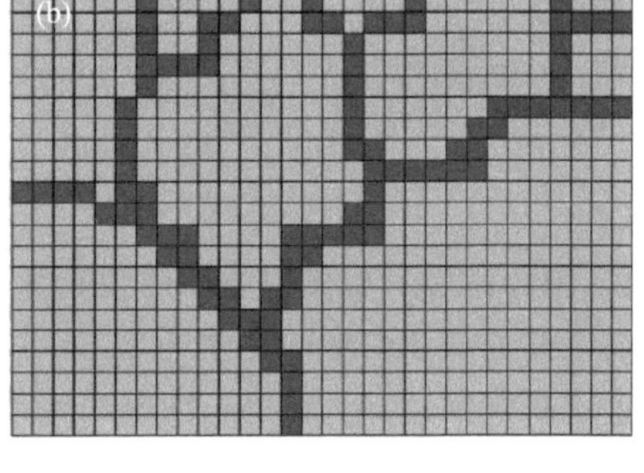

栅格线要素

图 2-1 矢量(a)和栅格型(b)要素数据形式

2.1.3 基础地理数据资料整理

资料整理包含地理数据格式转换,数据拼接、裁剪、融合,坡度、坡向提取计算等工作。

拼接:通过系统的拼接功能,将一个数据集中相邻的数据拼接为一个完整的目标数据。

裁剪:通过系统的裁剪功能,从整个数据集中裁剪出部分区域,以便获得所需要的区域相关数据信息。

坡度(slope):指水平面与地形面之间的夹角,用于表征地表单元陡缓的程度,通常表示方法有百分比法、度数法两种。图 2-2 显示了坡度与坡度比的表达方式。

坡度度数=θ

坡度百分比=(上升变化值/前行变化值)×100

tanθ=上升变化值/前行变化值

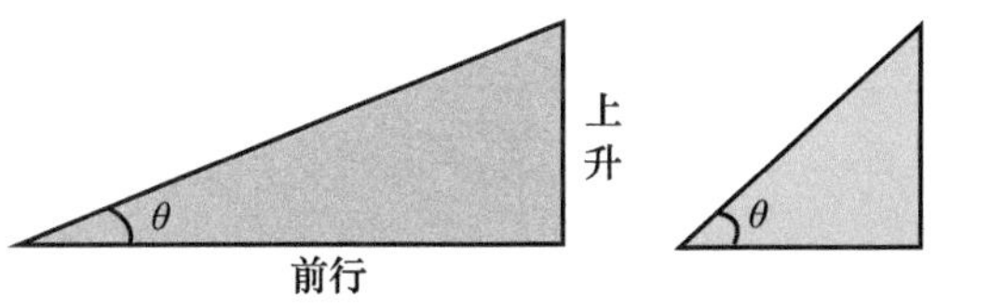

图 2-2 坡度与坡度比

坡向(aspect):指地表面上一点的切平面法线矢量在水平面上的投影与过该点的正北方向的夹角。在本区划中规定正北方向为 0°,按顺时针方向计算,取值范围为 0°～360°。通过 DEM 提取的地表坡向如图 2-3 所示。

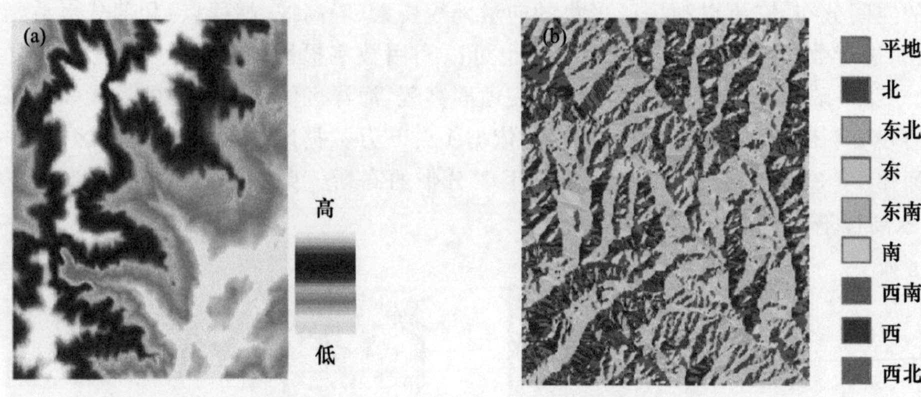

图 2-3　通过 DEM(a)提取的地表坡向(b)

山影(山体阴影):根据假想的照明光源对高程栅格图的每个栅格单元计算照明值。山体阴影可以很好地表达地形的立体形态,且可以方便提取地形遮蔽信息(图 2-4)。其计算过程中包括三个重要参数:太阳方位角、太阳高度角和表面灰度值。在本区划中为符合视觉习惯太阳方位角取值为 315°,即光线来自西北方向;太阳高度角取 45°;表面灰度的取值范围为 0～255(RGB)。

山脊线:山顶点的连线称为山脊线,山脊线具有分水线的特征;山谷线:谷底点的连线称为山谷线,山谷线具有汇水线的特征。

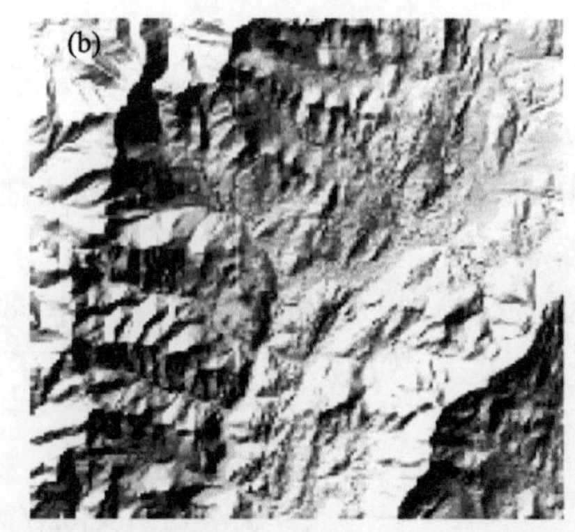

图 2-4　DEM(a)在 315°方位角、45°高度角时的山影(b)

2.1.4　基础地理数据分类

在本区划中所使用的基础地理信息数据分为栅格和矢量两大类。其中 DEM、坡度、坡向、气候要素等数据为栅格数据,边界、河流、公路、居民点为矢量数据。数据分层存放,具体命名和主要信息内容见表 2-1 所示。

表 2-1　各层数据内容及类别

层名	主要内容	数据类别
州界	州界	矢量
县市界	县市界	矢量
乡镇	乡镇	矢量
公路	公路	矢量
江河湖泊和水库	面型江河湖泊和水库	矢量
水系	线型江河湖泊	矢量
居民点	点型居民驻地	矢量
居民地	面型居民驻地	矢量
气象站	气象站、观测哨和气候考察点所在地	矢量
DEM	数字高程数据	栅格
HILLSHADE	山影	栅格
PD	坡度	栅格
PX	坡向	栅格
气候数据	细网格气候估算数据	栅格
区划数据	基于细网格气候估算数据的农业气候区划	栅格

2.2　气象观测资料的整理与订正

目前，全国气象系统中观测资料超过30年的气象台站基本上是每县一个，站点稀少且大多分布在地势较平、海拔相对较低的城镇附近，在山区复杂的地形条件下，单点的气象观测资料很难能反映整个县（市）的气象要素分布状况。即便利用先进的地理信息系统进行气象要素空间模拟，如果实测资料过少，模拟出来的气象要素分布与实际分布情况仍会出现较大误差。红河州全州观测资料超过30年的气象台站仅有蒙自市、个旧市、开远市、弥勒市、建水县、石屏县、泸西县、元阳县、红河县、绿春县、金平县、屏边县、河口县13个县（市）国家基本气象站，加上相邻的玉溪、普洱和文山3个州（市）境内的通海、华宁、峨山、墨江、元江、江城和马关7个县气象站资料也远远不能满足空间模拟的需要。因此需将红河州境内的128个区域自动气象站资料的短时间序列资料订正、延长到与基本气象台站相同的时期，以满足气象要素空间分布模拟的需要。气象观测资料的整理与订正过程中使用的各气象站的地理位置见图2-5。

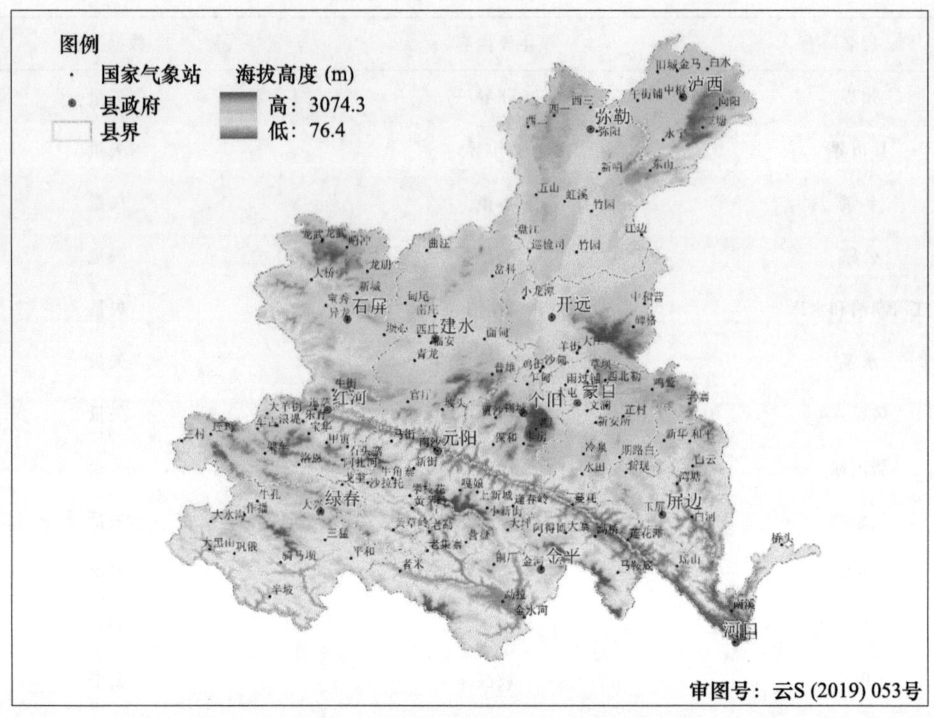

图 2-5　红河州气象观测站地理位置分布

2.2.1　气温观测资料的整理与订正

短序列气温观测资料的订正方法主要有条件温差的两步订正法、逐步回归订正法、比值订正法、差值订正法、一元回归订正法和距离平方反比法等。其中，屠其璞、翁笃鸣提出的条件温差的两步订正法更适合于超短序列资料的订正，这种方法假设考察期间考察站 A 和基本站 B（通常为国家站）的温差为 D' 等于基本站晴、云、阴三种状况下（假设考察站与基本站的云天状况基本一致）的两站条件温差的加权平均，如式(2-1)：

$$D' = \Delta T'_1 P'_1(B) + \Delta T'_2 P'_2(B) + \Delta T'_3 P'_3(B) \tag{2-1}$$

式中，$\Delta T'_1$、$P'_1(B)$、$\Delta T'_2$、$P'_2(B)$、$\Delta T'_3$、$P'_3(B)$ 分别为基本站晴、云、阴条件下的考察站和基本站的条件温差及相应的基本站晴、云、阴天频率。对于长时间，两站温差可以表示为：

$$D = \Delta T_1 P_1(B) + \Delta T_2 P_2(B) + \Delta T_3 P_3(B) \tag{2-2}$$

式(2-2)与式(2-1)在形式上完全一致，式中各项不带撇号表示长年值。从小气候理论考虑，对于两个邻近的测点，气温差主要是由局地小气候条件差异所造成的，而在大体相同的太阳辐射条件下，这种局地温差具有相对的稳定性。因此可近似地认为：

$$\Delta T'_1 = \Delta T_1, \Delta T'_2 = \Delta T_2, \Delta T'_3 = \Delta T_3 \tag{2-3}$$

代入式(2-2)，得到：

$$\overline{D} = \Delta T'_1 P_1(B) + \Delta T'_2 P_2(B) + \Delta T'_3 P_3(B) \tag{2-4}$$

其中 $\overline{D}$ 表示 D 的估计值。于是订正至长时期的考察站温度 T_A 为：

$$T_A = T_B + \overline{D} \tag{2-5}$$

$$T_A = T_B + \Delta T'_1 P_1(B) + \Delta T'_2 P_2(B) + \Delta T'_3 P_3(B) \tag{2-6}$$

式中，T_B为基本站的常年平均气温。

2.2.2 降水观测资料的整理与订正

根据选用资料少、订正误差小、计算过程简便而精度又能满足要求等原则，采用一元回归订正法对降水资料进行订正。

首先，设 X 站为基本站，具有 N 年降水量资料；Y 站为订正站，有 n 年降水量资料；$n<N$，且 n 年包括在 N 年内，需要将订正站 n 年降水量资料订正到 N 年。采用一元回归法对各订正站的年降水量进行订正。订正的基本公式为：

$$\overline{Y}'_N = \overline{Y}_n + r\frac{\sigma_y}{\sigma_x}(\overline{X}_N - \overline{X}_n) \tag{2-7}$$

其中，$\overline{X}_n$、$\overline{Y}_n$分别为基本站和订正站 n 年平行观测时期内年降水量的平均值，$\overline{X}_N$ 为基本站 N 年观测时期内年降水量的平均值，$\overline{Y}'_N$ 为订正站被订正到 N 年时期内年降水量的平均值，σ_x、σ_y 分别为基本站和订正站在 n 年内年降水量的标准差，r 为基本站和订正站在 n 年内年降水量的相关系数。

2.3 气候要素细网格推算

红河州的国家级气象站点仅有 13 个，且均建在坝区，区域自动气象站也只有 128 个，难于描述红河州复杂多样的山地气候资源，因此必须应用适宜的推算方法进行模拟。一般而言，对于非气象站点的气候值只能从邻近气象站推算，故推算方法以及地形因子的处理对推算精度影响较大，以前许多相关研究都考虑了气象站点地理位置、各气象站站点间的地形关系，并用一定的插值方法模拟气候资源的空间分布，但此类研究通常只考虑了气象站点间的空间关系，而气候资源空间分布不仅与空间有关，还与地形高度、地形遮蔽、地形坡向、地表植被等有关。气候要素细网格推算模型必须考虑到气候要素与经度、纬度、海拔高度、太阳辐射、地形、地表等之间的关系，才能较好地解决复杂地形下气候资源推算精度不高的问题。

2.3.1 基础数据及处理

基础地理数据来源：1：25 万基础地理数据，云南省气候中心重新整理，提取了红河州的行政边界、所辖县（市）、乡、村驻地、河流水系、数字高程（DEM）、坡向、坡度等数据；地理投影系统采用 WGS_1984_UTM_ZONE 47N；数字高程采用 1980 西安坐标系，1985 国家高程基准，格网间距为 90 m（图 2-6）。

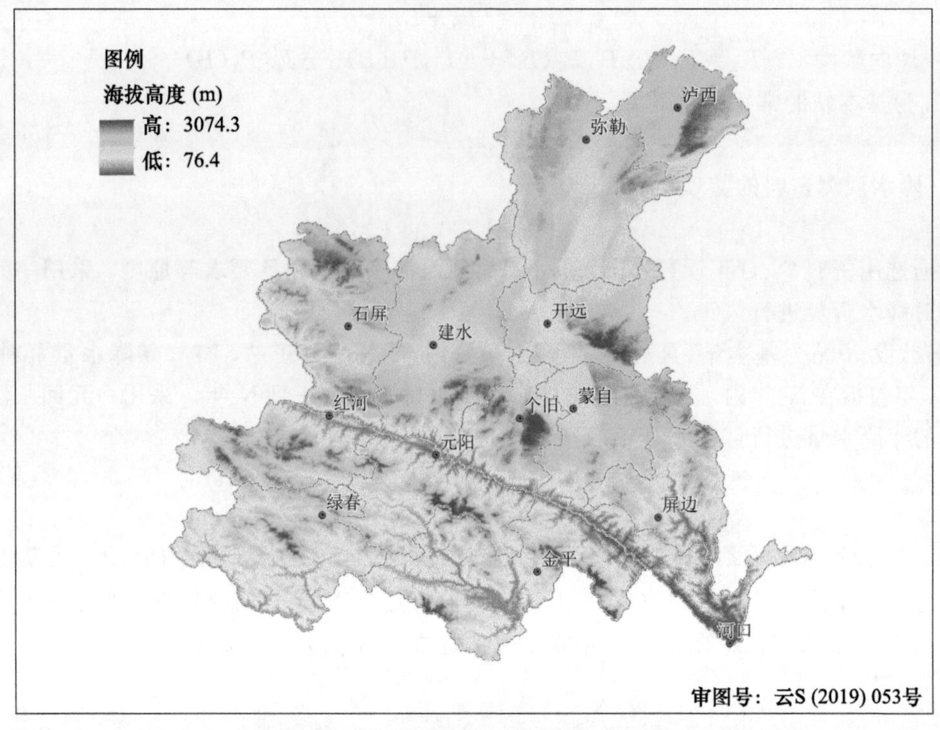

图 2-6　红河州 90 m×90 m 数字高程

2.3.2　坡度数据提取

基于红河州 DEM 数据，利用地理信息系统的空间分析工具生成所需的坡度数据(图 2-7)。

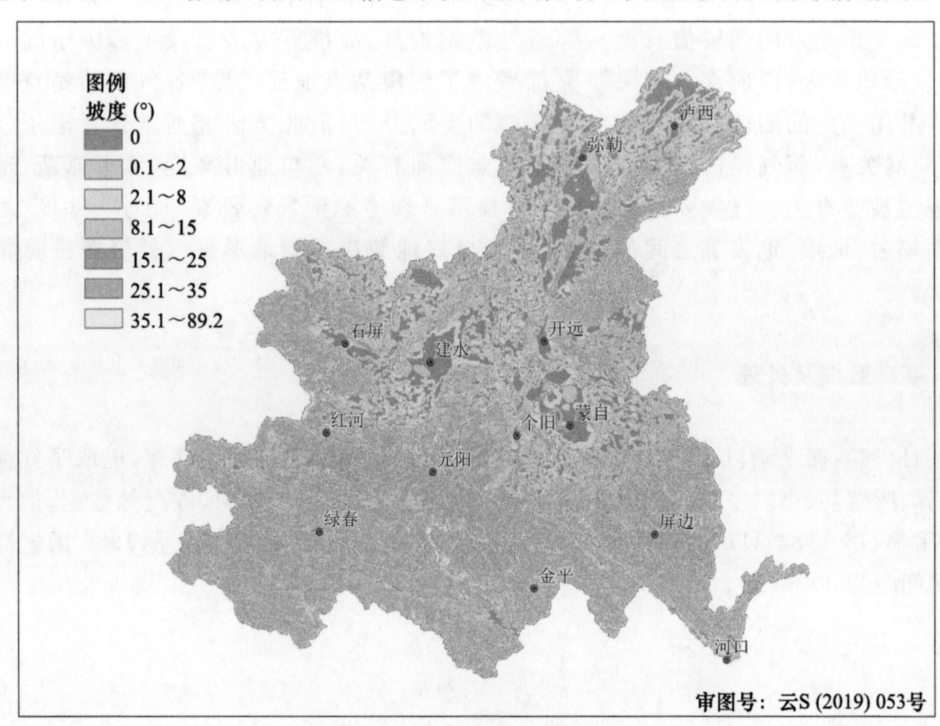

图 2-7　红河州地表坡度空间分布

2.3.3 坡向数据提取

基于红河州 DEM 数据，利用地理信息系统生成所需的坡向数据(图 2-8)。

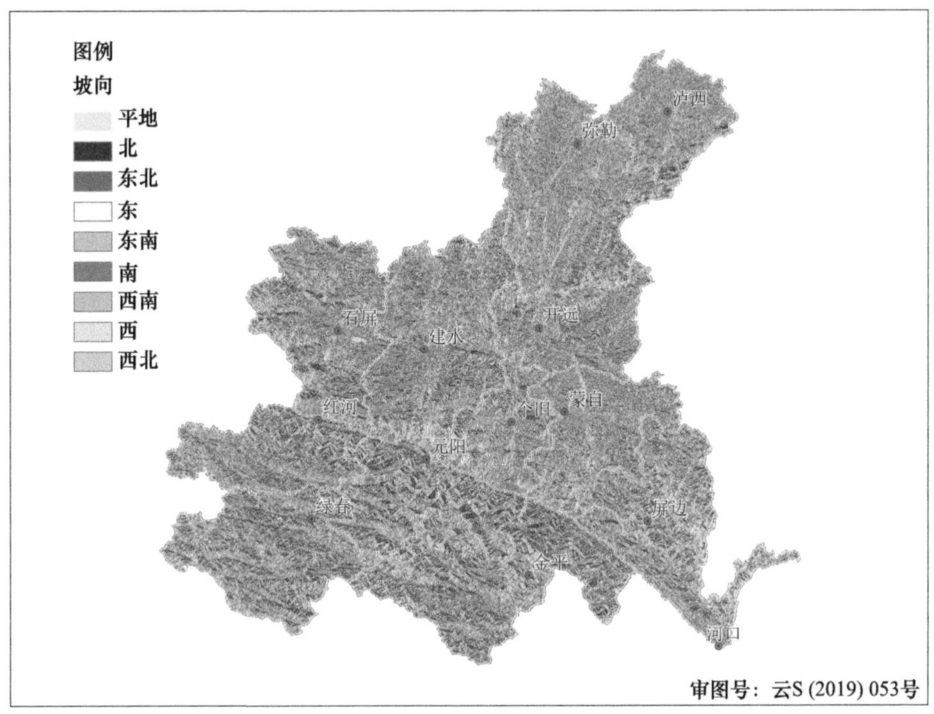

图 2-8 红河州地表坡向空间分布

2.3.4 光照资源推算

在复杂地形条件下，由于受季节、云量、海拔、坡度、坡向等地形因子以及周围地形相互遮蔽的影响，导致日照时数的时空变异显著。

某一地点的实际年日照时数可分解为可日照时数和日照百分率两项，据此可构建日照时数推算模型：

$$S_d = S_s \times R_s \tag{2-8}$$

式中，S_d为空间格点下的日照时数，R_s为该格点的日照百分率，S_s为该格点的总可照时数。这样就把空间格点实际日照时数的计算问题归结为空间格点日照百分率乘以总可照时数。其中空间格点的日照百分率以红河州及周边气象台站的多年平均日照百分率为基础，通过普通克里金 (ordinary Kriging)法进行平面内插生成。

S_s的计算，首先需要计算一年 365 d 该格点按天计算的可照时数，然后按月汇总得到 S_s；按天计算的 S_s 理论上只与位置有关，计算理论如 2.3.4.1 和 2.3.4.2 所示。

2.3.4.1 太阳视轨道方程

当给定了地理位置(地理纬度 φ)、日期和一天中的时间，则根据太阳视轨道方程即可确定水平面太阳的天顶距 $Z\theta$ 或太阳高度角 $h\theta$、太阳方位角 Φ 和太阳时角 ω 三者间的关系：

$$\sin h\theta=\sin\varphi\sin\delta+\cos\varphi\cos\delta\cos\omega \tag{2-9}$$

$$\cos h\theta=(\cos\delta\sin\varphi\cos\omega-\sin\delta\cos\varphi)/\cos\Phi \tag{2-10}$$

$$\sin\Phi=\cos\delta\sin\omega/\cos h\theta \tag{2-11}$$

上式中，太阳高度角 $h\theta$ 是太阳相对观察者的天球地平以上的高度角，取值范围 0°～90°(单位：rad)；天顶距 $Z\theta$ 是高度角的余角；

太阳方位角 Φ 是在地平面内从北向东到太阳垂直向下的点在地平面内所夹的角度，从观测者子午圈开始顺时针方向度量，正南为零，向西为正，向东为负(单位：rad)。

太阳时角 ω 从真太阳时正午算起，向西为正，向东为负，每天变化 360°或 1 小时变化 15°(单位：rad)。

φ 为测点地理纬度(单位：rad)。

δ 为太阳赤纬，在天赤道以北为正，以南为负(单位：rad)。

精确计算太阳赤纬，需用级数形式，左大康等根据 1986 年中国天文年历中的列表值对 δ 进行了 Fourier 分析，给出新的计算公式：

$$\delta=0.006894-0.399512\cos\mathcal{L}+0.072075\sin\mathcal{L}-0.006799\cos2\mathcal{L}+0.000896\sin2\mathcal{L}-0.002689\cos3\mathcal{L}+0.001516\sin3\mathcal{L} \tag{2-12}$$

式中，$\mathcal{L}$ 为日角，以弧度(单位：rad)表示，可用日序 D_n 计算，D_n 为从 1 月 1 日到 12 月 31 日的连续计数日，365 d 为全年总天数(假定 2 月为 28 d)。则

$$\mathcal{L}=2(D_n-1)/365 \tag{2-13}$$

设 ω_0 为日出、日没时的时角，N 为昼长(天文可照时数)，对于水平面，在日出、日没($\omega=\omega_0$)时，太阳高度 $h\theta=0$，即：

$$\sin\delta\sin\varphi+\cos\delta\cos\varphi\cos\omega_0=0 \tag{2-14}$$

$$\omega_0=\arccos(-\tan\varphi\tan\delta) \tag{2-15}$$

规定 $-\omega_0$ 为日出时的时角；ω_0 为日没时的时角。则昼长 $N=2\ \omega_0(\mathrm{rad})=24\omega_0/(\mathrm{h})$。

2.3.4.2 地形遮蔽影响量计算

首先根据红河州 1∶25 万 DEM 数据生成 0.01°×0.01°的格点高程矩阵，共 m 行、n 列，由于矩阵中缺少国境线外的 DEM 格点数据，故其对应格点高程记为－1，计算中不考虑。

计算第 k 行、第 j 列格点的日天文可照时数 Wskj 时，需要减去周边格点的遮蔽量 Wbkj。构造模型，弧线 S_1-S_2 为基于格点 O 的某一日太阳轨迹在地平面上的投影，S_1 为日出点，S_2 为日落点，点 P_1 为日太阳轨迹的任意点，点 Z 为正午时太阳在平面上的投影，直线 OO_1 为以格点 O 为圆心的大圆半径 R，在实际计算中可取 50 km。直线 P_1O 为任意时刻格点 O 所接受的太阳光线在平面上的投影。显然 $\angle S_1OO_1$ 等于太阳赤纬 δ，在任意时刻，判断 O 点阳光是否受地形遮蔽只需根据直线 P_1O 判断所通过的格点是否对 O 点构成遮蔽。实际计算中，是根据太阳轨迹，从日出到日落每隔 10 min 判断一次遮蔽。

光线 P_1O 并不一定正好通过矩阵中的格点，可能从两个格点中间穿过，此时高程采用最近的东西向格点高程平均值代替，格点 HiO 高程与太阳光线经过该点的高度差为 $HiO-Hi$，当 HiO 足以遮挡光线 P_1O 时，则判定此时刻 O 点由于地形遮蔽，天文可照时数为 0。沿 S_1-S_2 每 10 min 计算 1 次遮蔽情况，累加被遮蔽的次数 n，即可计算出全天被太阳遮蔽的实际可照小时数 dtH。其计算公式如下：

$$dtH = n \times 10/602.1 - 1 \tag{2-16}$$

其中 dtH 即为我们要计算的 S_s，将 12 个月平均日照时数累加之后再平均即可得到年日照时数。

2.3.5 气温推算

气温是表示热量特征的重要指标之一，是自然区划和计算农业生产潜力的重要参数，是热量条件分析的基础。复杂地形下影响山地温度分布的因素较多，有宏观地理条件(经度、纬度、大水体、山脉走向，以及宏观气候背景等)、测站海拔高度、地形因素(坡度、坡向、地平遮蔽度等)、下垫面性质(土壤类型、植被状况等)以及大气状况(水汽，气溶胶含量、大气环流等)，局地条件下，海拔高度和地形因素对气温的影响相当明显。

通过查阅资料进行比较，梯度距离平方反比法(gradient plus inverse distance squares, GIDS)在推算热量资源方面效果好，故选用该方法进行热量资源的精细化推算。

2.3.5.1 梯度距离平方反比法

距离平方反比法(inverse distance weigthed, IDW)是一种确定性插值方法，其基于相似原理：即两个物体离得越近，它们的值就越相似。但对于温度而言，还受到经度、纬度、高程等因素的影响，因此在插值的过程中，有必要将这些相关因子考虑进来。即格点值，不仅要计算和站点的距离，还要计算和站点在海拔上的差距。梯度距离平方反比法即是在距离权重的基础上，考虑了气象要素随海拔高度和经、纬向的梯度变化。其公式如下：

$$V(s) = \left(\sum_{i=1}^{N} \frac{V_i + (X - X_i) \times C_x + (Y - Y_i) \times C_y + (Z - Z_i) \times C_z}{d_i^2}\right) \Big/ \left(\sum_{i=1}^{N} \frac{1}{d_i^2}\right) \tag{2-17}$$

式中，$V(s)$为预测站点的估算值；V_i 为第 i 个气象站的实测值；d_i 为第 i 个气象站点与待预测站之间的距离；N 为预测计算中使用的样本数量；X、Y、Z 分别为预测站点的 X、Y 和 Z 轴坐标值；X_i、Y_i、Z_i为相应气象站点 i 的 X、Y 和 Z 轴坐标值；C_x、C_y、C_z为站点气象要素值与 X、Y 和海拔高程的回归系数。

2.3.5.2 回归系数计算

使用多元回归分析计算回归系数。多元回归分析主要用于分析一个因变量和若干个自变量之间的相关关系。在这里就是要计算站点 X 坐标、Y 坐标、海拔高度三个变量与气象要素之间的线性关系。公式为：

$$t - t_0 = b_0 + C_x(x - x_0) + C_y(y - y_0) + C_z(z - z_0) \tag{2-18}$$

式中，t、x，y，z 分别为待插值点的气象要素值、X 坐标、Y 坐标、海拔高度，t_0、x_0、y_0 和 z_0为已知点的气象要素值、X 坐标、Y 坐标和海拔高度，这里通过多个站点的 X 坐标，Y 坐标，海拔高度，温度，求取 C_x，C_y，C_z 三个回归参数。公式可以简化如下：

$$t = b_0 + C_x x' + C_y y' + C_z z' \tag{2-19}$$

现实情况不是所有数据都能满足这个方程，一般都是有下面的公式：

$$t = b_0 + C_x x' + C_y y' + C_z z' + e \tag{2-20}$$

其中 e 为随机误差。

使用多元回归模型进行参数估计时，在要求误差(e)平方和为最小的前提下，用最小二乘法求解参数。

2.3.5.3 插值误差计算

插值误差计算采用交叉分析方法进行统计分析，即将参与建模的各站依次作为检验站，不参与模型，用以比较实际观测值与推算值的误差。推算的结果验证如表 2-2 所示。

以推算的年平均气温为例，其平均绝对误差(mean absolute error，MAE)为 0.39，均方根误差(root mean square error，RMSE)为 0.66，可基本满足红河州空间尺度农业气候区划的需求。

表 2-2　年平均气温推算结果验证

误差	年平均气温	最冷月	最热月
平均绝对误差	0.39	0.57	0.38
均方根误差	0.66	0.98	0.68

2.3.6 降水量推算

降水量是水资源评估的重要依据。在水文学、生态学和气象学等学科的研究中又是各种研究模型的重要因子。但由于人力、财力等各种原因的限制，气象站点的布设往往是有限的，而有限的站点在空间上的布局又不尽合理。从有限的气象站、不尽合理的空间布局获取的站点观测气象数据难以满足人们对气象要素在空间尺度上时空变异性精确表达的要求，就需要根据测站所获得的资料求出整个平面的降水信息，这就涉及插值问题。

目前国内外降水量空间插值研究中，主要采用的插值方法有反距离加权法(IDW)、样条函数法(spline)、PRISM 法、克里金法(Kriging)、协同克里金法(co-Kriging)等。本区划采用协同克里金法。

2.3.6.1 协同克里金法

当同一空间位置样点的多个属性存在某个属性的空间分布与其他属性密切相关，且某些属性获得不易，而另一些属性则易于获取时，如果两种属性空间相关，可以考虑选用协同克里金法。协同克里金法把区域化变量的最佳估值方法从单一属性发展到二个以上的协同区域化属性。将高程作为第二影响因素引入降水量的空间插值中。借助该方法，可以利用几个空间变量之间的相关性，对其中的一个变量或多个变量进行空间估计，以提高估计的精度和合理性。

2.3.6.2 插值误差计算

年降水量选择反距离权重法、趋势面多元回归方法、普通克里金插值法、协同克里金法插值法进行插值对比，通过交叉验证的方法对插值结果进行对比分析，运用平均标准差(mean standardized，MS)、均方根差作为评估插值方法效果的标准(表 2-3)。年降水量插值精度可基本满足红河州空间尺度农业气候区划的需求。

表 2-3 年降水量插值结果验证

插值方法	平均标准差	均方根误差
反距离权重法	0.77	113.91
普通克里金法	1.70	104.28
协同克里金法	0.52	104.20
趋势面多元回归方法	0.12	137.47

与其他方法相比,协同克里金方法的均方根误差最小,表明协同克里金法的插值效果好于其他插值方法。其原因主要是协同克里金法将地形高程作为第二影响因素引入到降水量的空间插值中,利用地理位置、海拔高程和降水量等空间变量的相关性,提高了降水量空间估计的插值精度和合理性。

第3章 农业气候资源分析

由于红河州气候要素分布随海拔和地形的变化存在着较显著的差异，光照和水热条件变化很大。本章将对红河州日照时数、平均气温、极端最高气温、极端最低气温、积温和降水量的时空变化特征分别进行描述。

3.1 光照资源

太阳辐射能是地球上一切能量的源泉，是一切生物生命活动中必不可少的因素之一，也是农作物进行光合作用制造有机物质的能量来源。日照时数是太阳辐射最直观的表现，它是表征一个地区太阳光照时间长短的特征量，度量某地太阳能可被利用时间的长短。日照时数与人类生产活动及动植物的生长发育密切相关，决定着农业光能资源的多少，对合理进行农业生产布局，调整种植业结构有着重要的作用。

红河州年日照时数整体有从东南到西北逐渐增加，坝区日照时数多，低海拔地区日照时数少的分布特征。大部地区年日照时数为1500～2100 h。高值区主要分布在建水大部、石屏东部和蒙自西北部等坝区，这些地区年日照时数普遍在2100 h以上，部分地区大于2200 h；低值区主要分布在州东南部的屏边、河口和金平等低海拔地区，这些地区年日照时数普遍在1800 h以下，局部地区不足1500 h(图3-1)。

(1)冬季(12月—次年2月)

12月红河州大部地区日照时数为120～180 h；高值区主要分布在建水大部、石屏东部和蒙自西北部等坝区，月日照时数为180～210 h；低值区主要分布东南部低海拔地区，包括河口、屏边大部和金平东部，月日照时数为90～120 h(图3-2)。1月红河州大部地区日照时数为120～210 h；高值区主要分布在建水西北部、石屏北部等地，月日照时数大于210 h；低值区主要分布在河口、金平东南部和屏边南部等地，月日照时数为60～120 h(图3-3)。2月红河州日照时数较1月略有增加，大部地区维持在150～210 h，高值区主要分布在建水中部和北部、石屏中部和北部、红河局部和绿春局部等地，月日照时数大于210 h；低值区主要分布在河口县南部等地，月日照时数为60～90 h(图3-4)。

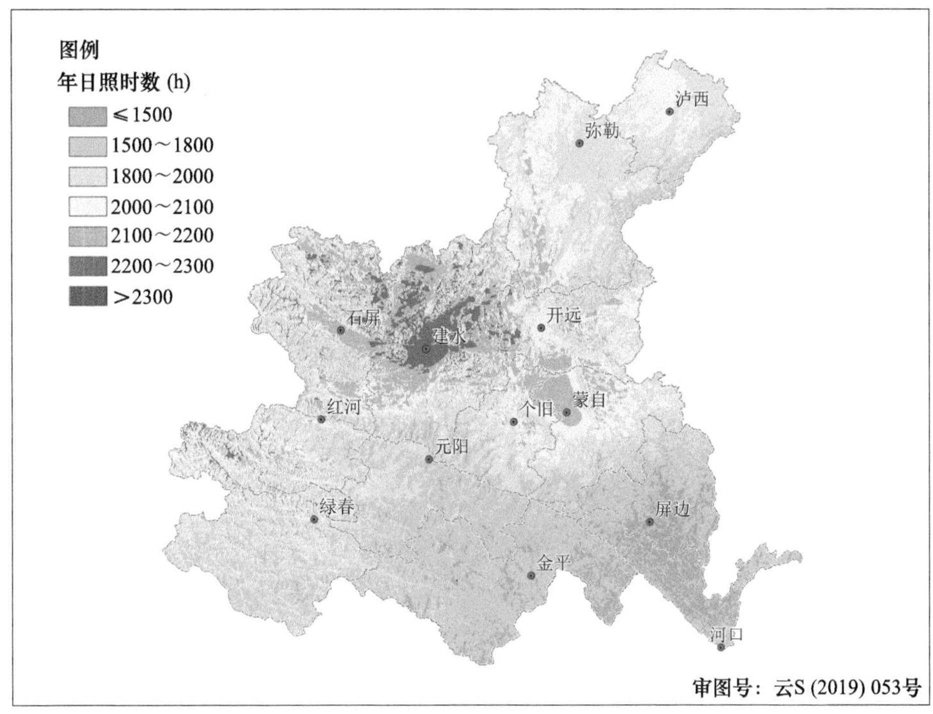

图 3-1　红河州年日照时数分布

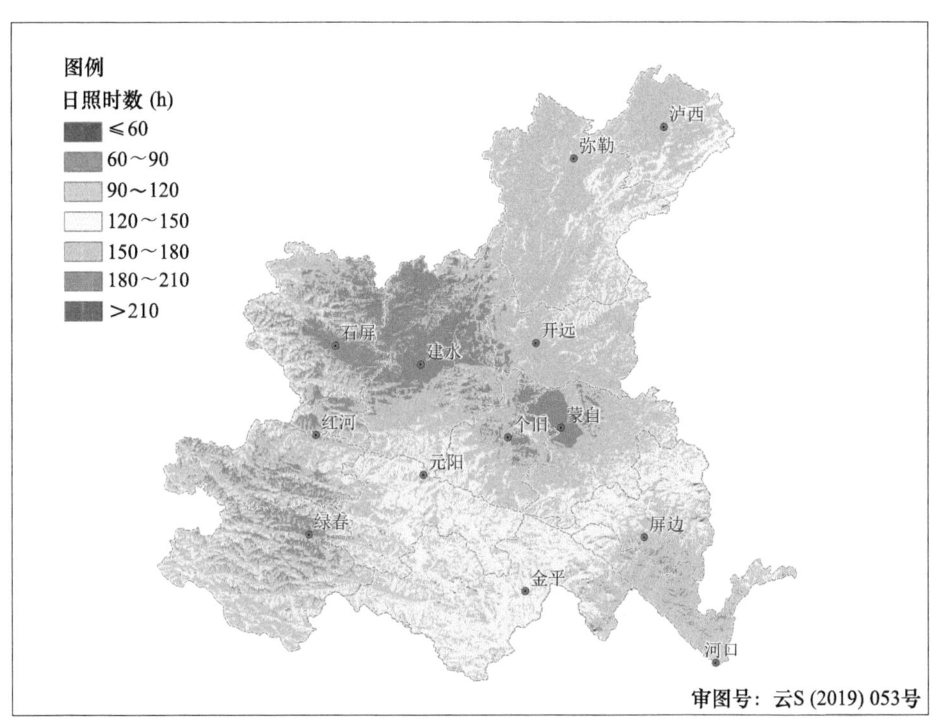

图 3-2　红河州 12 月日照时数分布

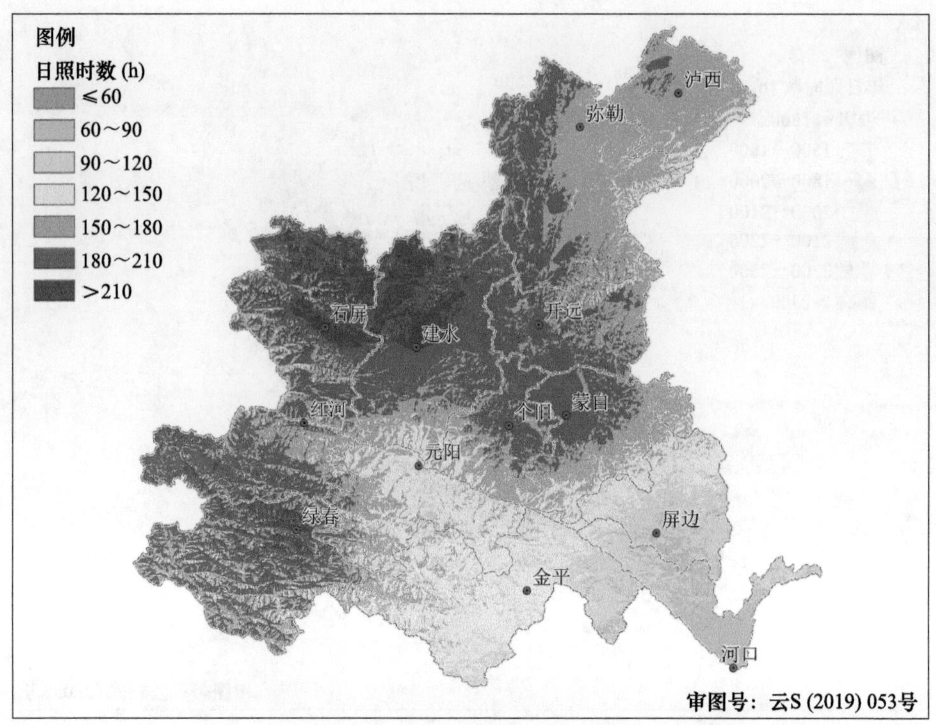

图 3-3 红河州 1 月日照时数分布

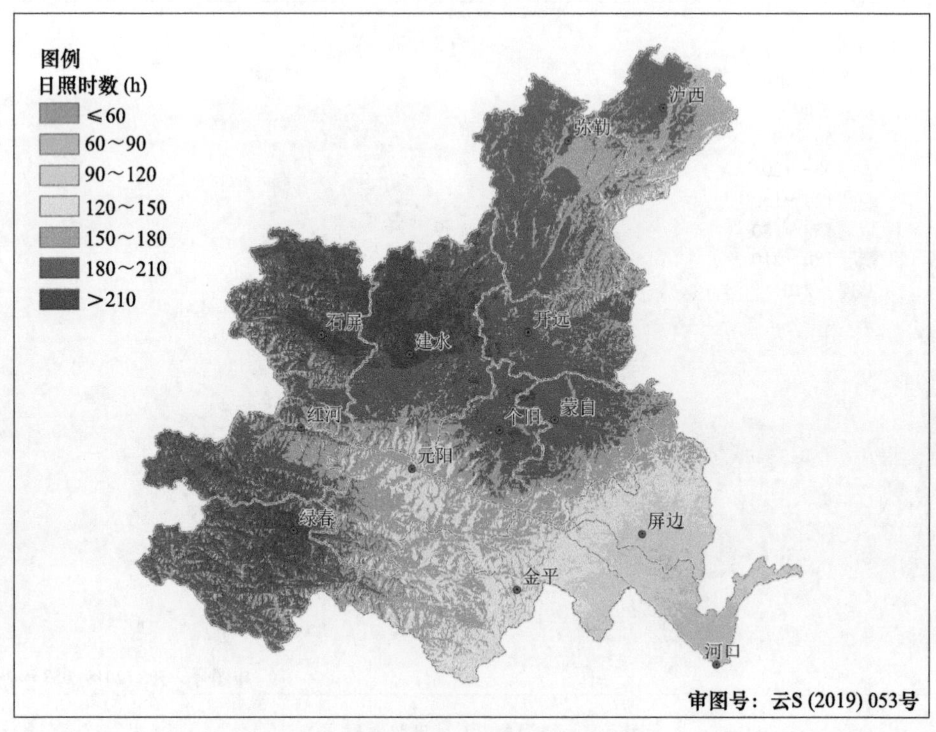

图 3-4 红河州 2 月日照时数分布

(2)春季(3—5 月)

3 月红河州各地月日照时数较 2 月明显增加。红河州大部地区日照时数大于 150 h,其中泸西、弥勒、开远、建水、石屏和个旧等县(市)大部地区,月日照时数大于 210 h;河口南部和金平东南部边缘地区,月日照时数为 90～120 h(图 3-5)。4 月红河州大部地区月日照时数维持在 150 h 以上,高值区分布在泸西、弥勒、开远、建水、石屏和个旧等县(市)大部地区,月日照时数在 210 h 以上的面积较 3 月增加;河口南部日照时数增加到 120 h 以上,仍是红河州低值区(图 3-6)。5 月随着西南季风的逐渐建立,降雨过程增加,除河口南部外,红河州月日照时数较 4 月明显减少,大部地区月日照时数为 150～210 h,其中高值区在建水中部、石屏北部和开远西部等地,月日照时数大于 210 h(图 3-7)。

(3)夏季(6—8 月)

6 月随着雨季的来临,红河州各地雨日普遍增多,日照明显减少,红河州大部分地区月日照时数在 120～150 h,高值区在建水中部,月日照时数为 150～180 h;而低值区在金平、绿春、元阳南部和屏边局部等地,月日照时数小于 120 h(图 3-8)。7 月除河口南部以外,红河州平均日照时数比 6 月继续减少,绝大部分地区月日照时数为 90～150 h,高值区在河口南部低海拔地区,月日照时数为 150～180 h;低值区在金平中部和绿春局部,月日照时数为 60～90 h,这些地区是红河州降雨较多的地区(图 3-9)。8 月日照时数较 7 月略有增加,红河州绝大部分地区月日照时数为 120～180 h,高值区在建水中部、开远、泸西、弥勒大部,月日照时数为 150～180 h;低值区在金平中部和绿春局部等地,月日照时数为 90～120 h 之间(图 3-10)。

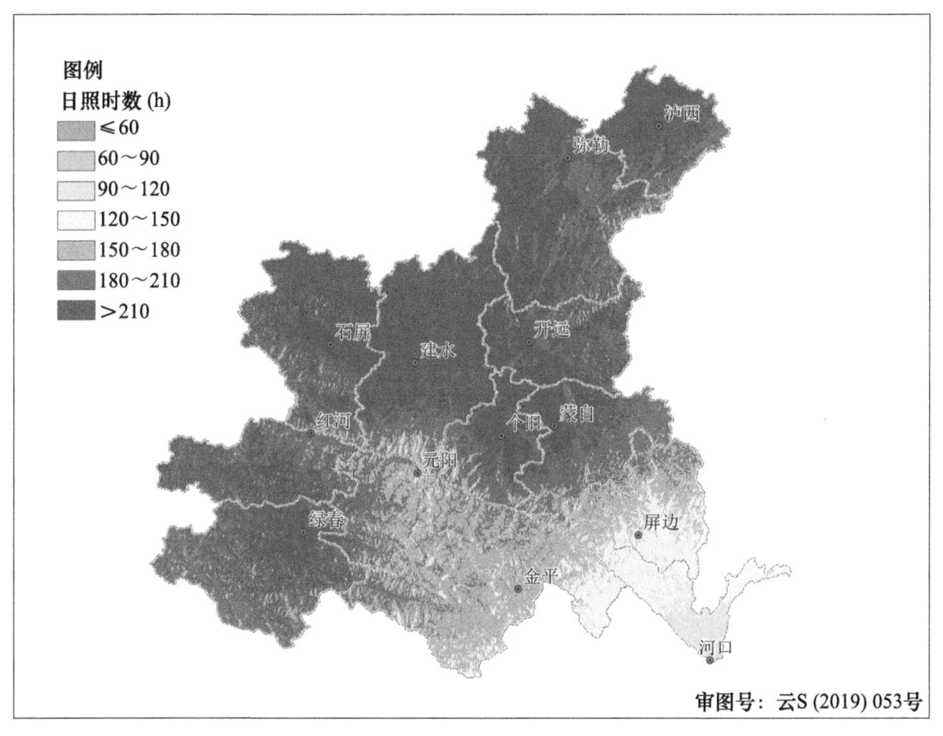

图 3-5　红河州 3 月日照时数分布

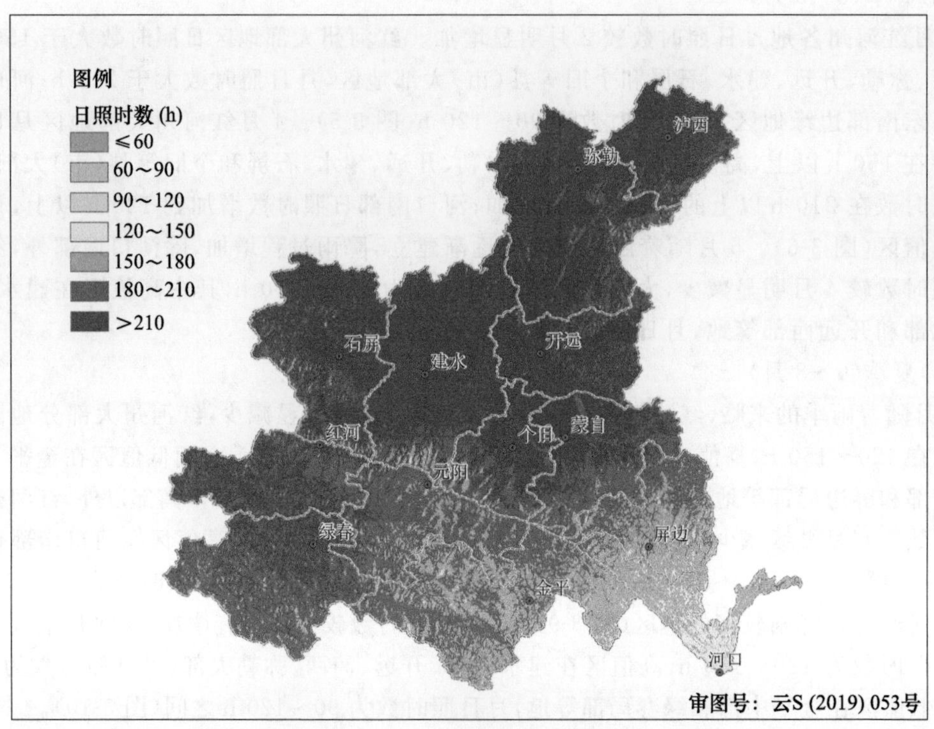

图 3-6　红河州 4 月日照时数分布

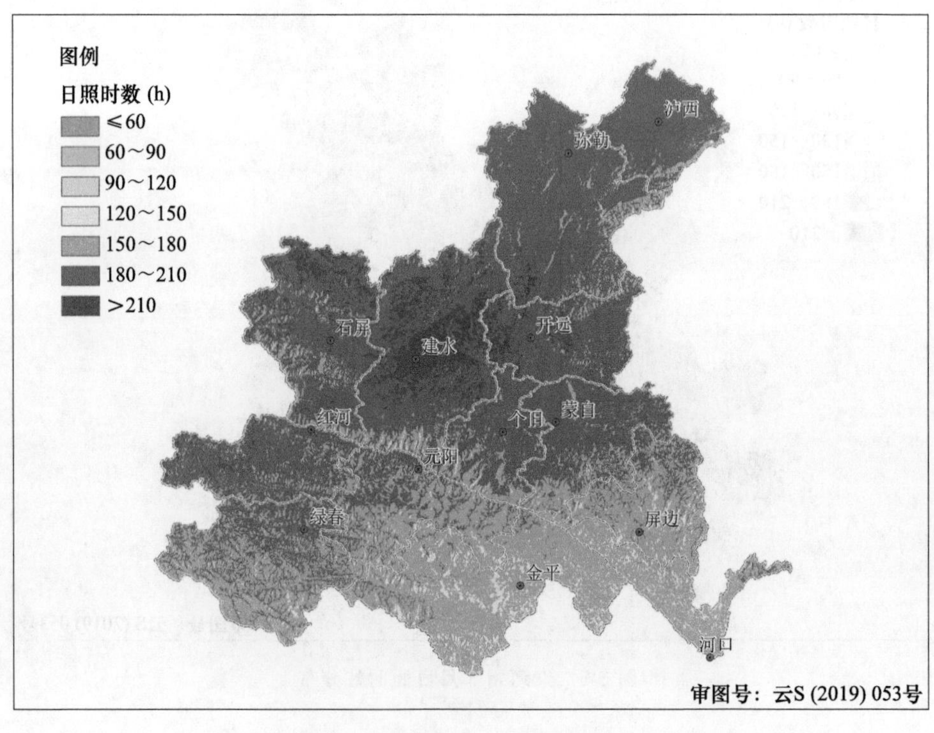

图 3-7　红河州 5 月日照时数分布

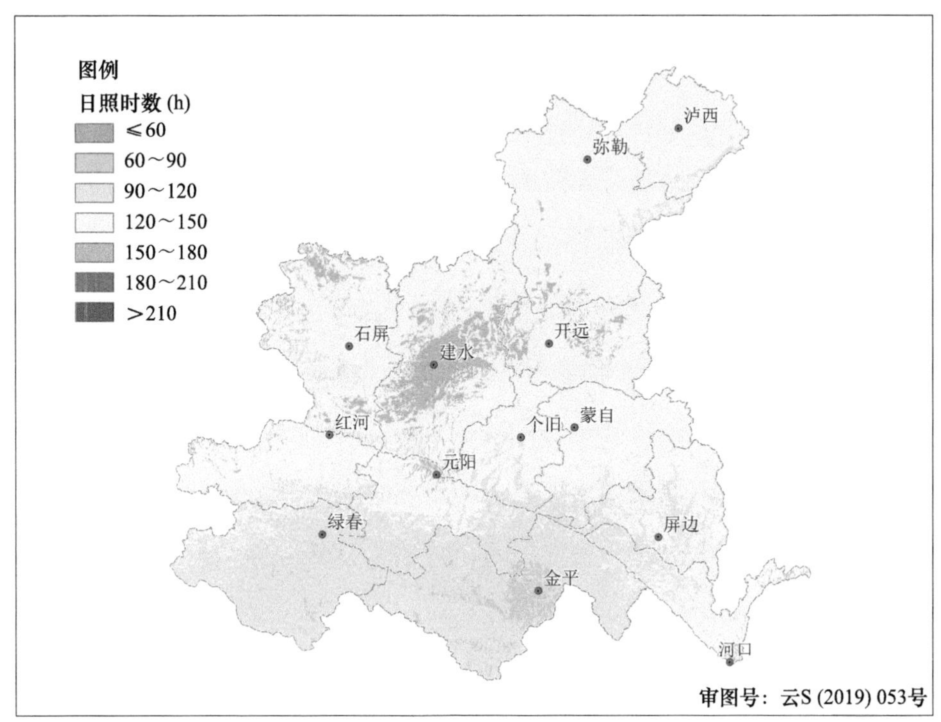

图 3-8　红河州 6 月日照时数分布

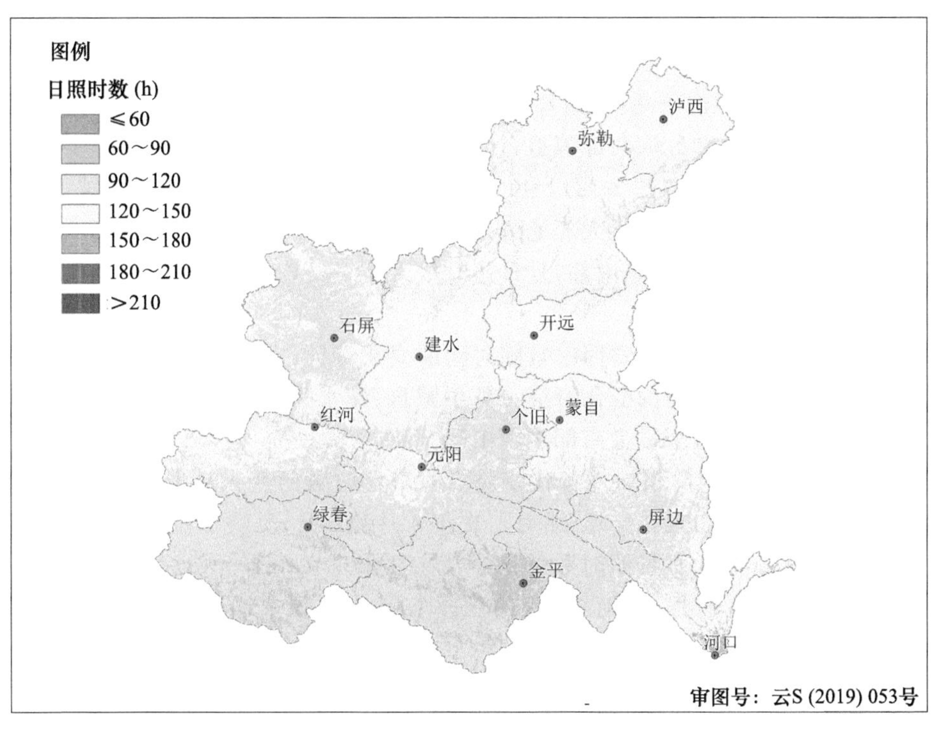

图 3-9　红河州 7 月日照时数分布

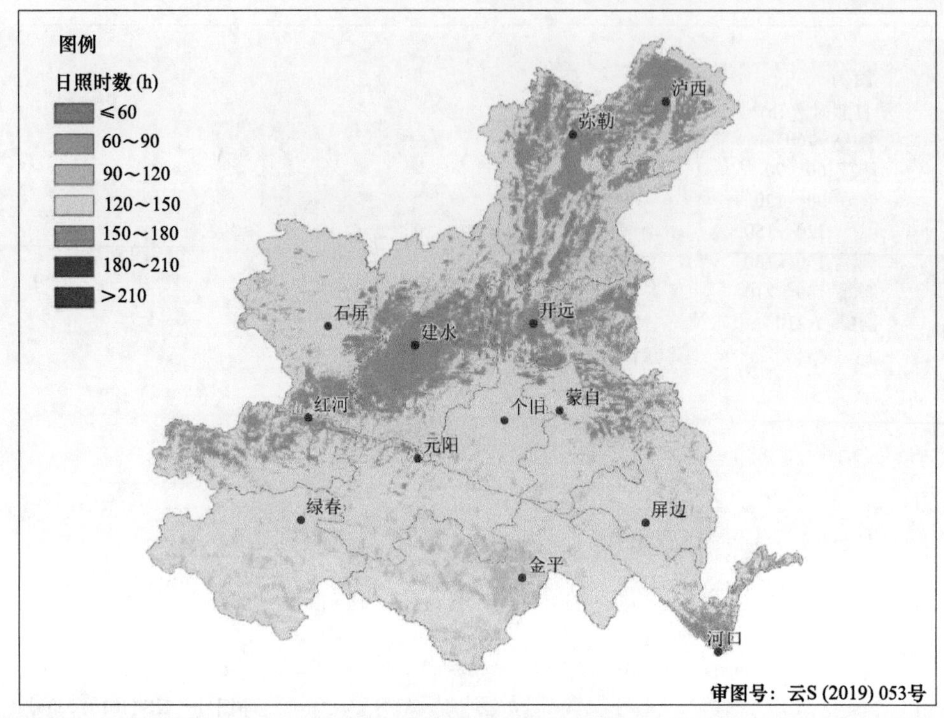

图 3-10 红河州 8 月日照时数分布

(4)秋季(9—11 月)

9 月红河州大部地区月日照时数为 120～150 h，高值区主要分布在建水中部、开远大部、蒙自北部等地，月日照时数为 150～180 h；低值区主要分布在屏边中部、金平局部和绿春局部等地，月日照时数为 90～120 h(图 3-11)。10 月红河州大部地区月日照时数为 90～150 h，高值区主要分布在建水中部和红河西部等地，月日照时数为 150～180 h；低值区主要分布在屏边中部，月日照时数为 60～90 h(图 3-12)。11 月随着雨季结束，降雨过程的降水减少，红河州月日照时数明显比 10 月增加，红河州大部地区月日照时数为 120～180 h，低值区主要分布在屏边中部和南部、河口大部和金平东南部，月日照时数为 90～120 h(图 3-13)。

(5)月日照时数时间变化特征

为了进一步明确红河州各地日照时数随时间的变化特征，在红河州范围内选取了 6 个代表性站点分析日照时数随时间的变化特征。其中蒙自、建水为典型的平坝区，个旧、泸西为高海拔山区，河口为河谷地区，金平为南部多雨山区。

从图 3-14 中可以看出，除河口外各代表站点月日照时数的变化呈现出“双峰型”的特点。月日照时数两个峰值主要出现在当年 11 月—次年 4 月和 8 月，反映了在雨季中 8 月相对降雨过程偏少，日照时数偏多；而月日照时数的最小值主要出现在雨季开始后的 7 月和秋季的 10 月，7 月为降雨过程较多的月份，而 10 月的秋季容易出现秋季连阴雨天气，导致日照时数偏少。

河口海拔较低，处于红河州东南部，容易受到静止锋的影响，月日照时数的峰值出现在 4—5 月和 8 月；低值出现在冬季的 1—2 月、雨季的 7 月及秋季的 10 月。这些地区 1—2 月的日照时数较低，主要是因为受到静止锋影响，多阴雨天气导致。

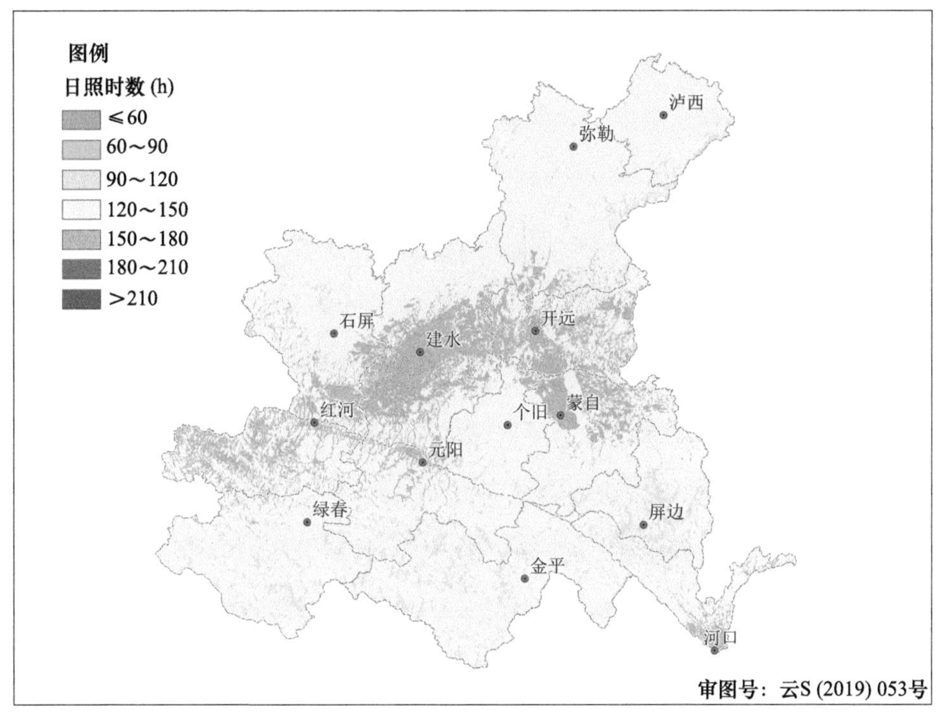

图 3-11　红河州 9 月日照时数分布

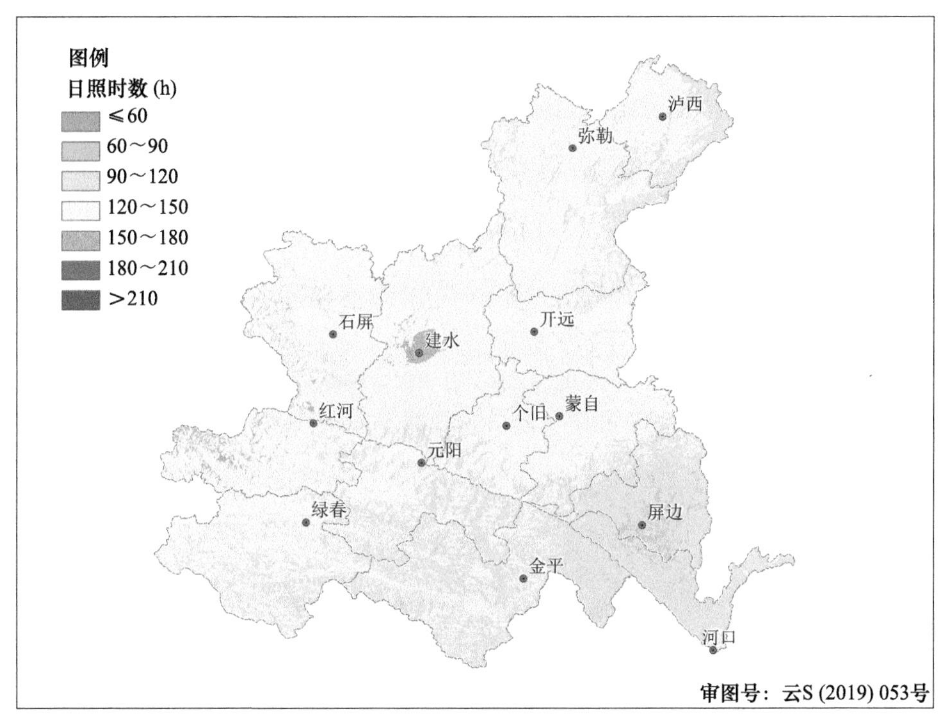

图 3-12　红河州 10 月日照时数分布

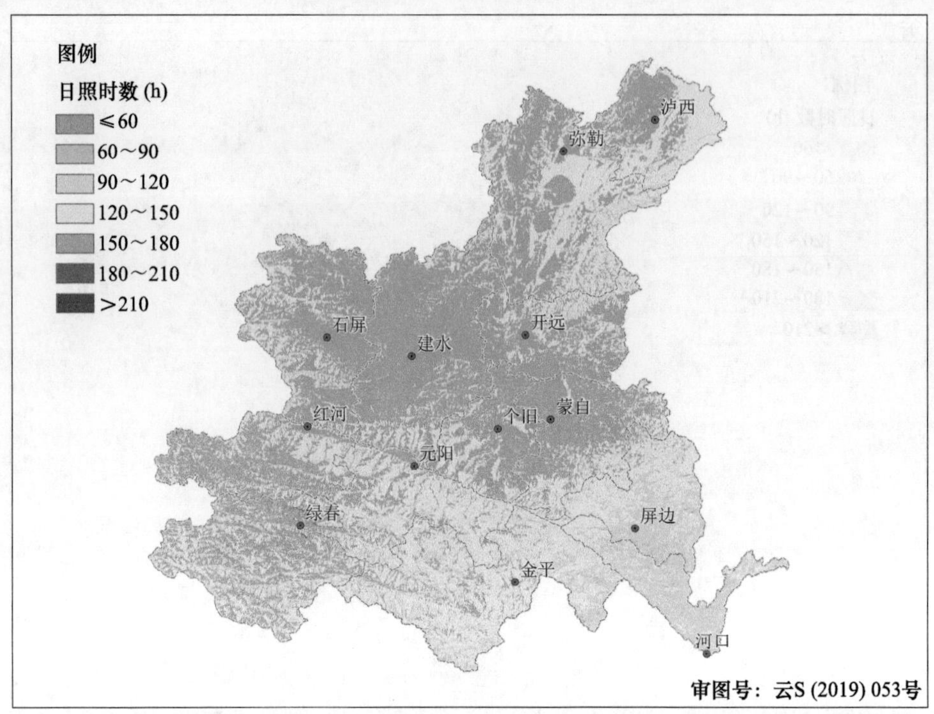

图 3-13　红河州 11 月日照时数分布

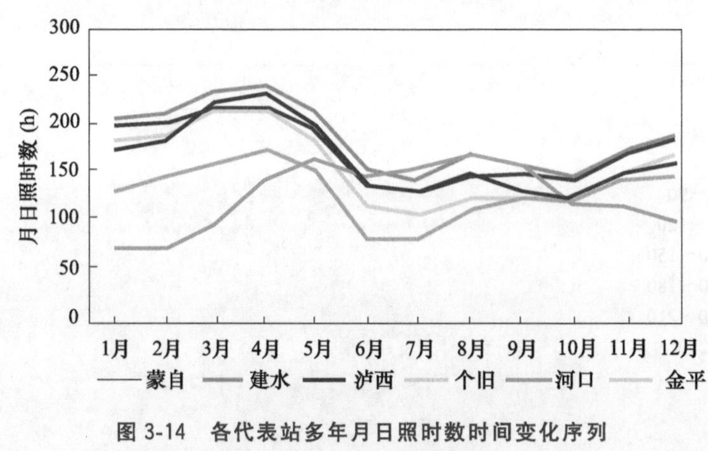

图 3-14　各代表站多年月日照时数时间变化序列

3.2　热量资源

3.2.1　平均气温

从年平均气温分布(图 3-15)来看，红河州各地年平均气温均随海拔升高而降低，存在山区气温低，河谷地区气温高，坝区气温次高的分布特征。大部分地区年平均气温为 16～20 ℃，低值区主要分布在高海拔的山区和北部的坝区，包括泸西、弥勒北部、开远东部、蒙自东北部、个旧中部、石屏北部、金平中部等地，这些地区年平均气温为 12～16 ℃；而高值区主要分布在河谷地带，包括红河河谷、藤条江河谷、李仙江河谷等河谷地区，这些地区年平均气温在 22 ℃以上；在海拔较低的各个坝区气温次高，包括开远西部、蒙自西北部、建水中部等地，年平均气温 18～20 ℃。

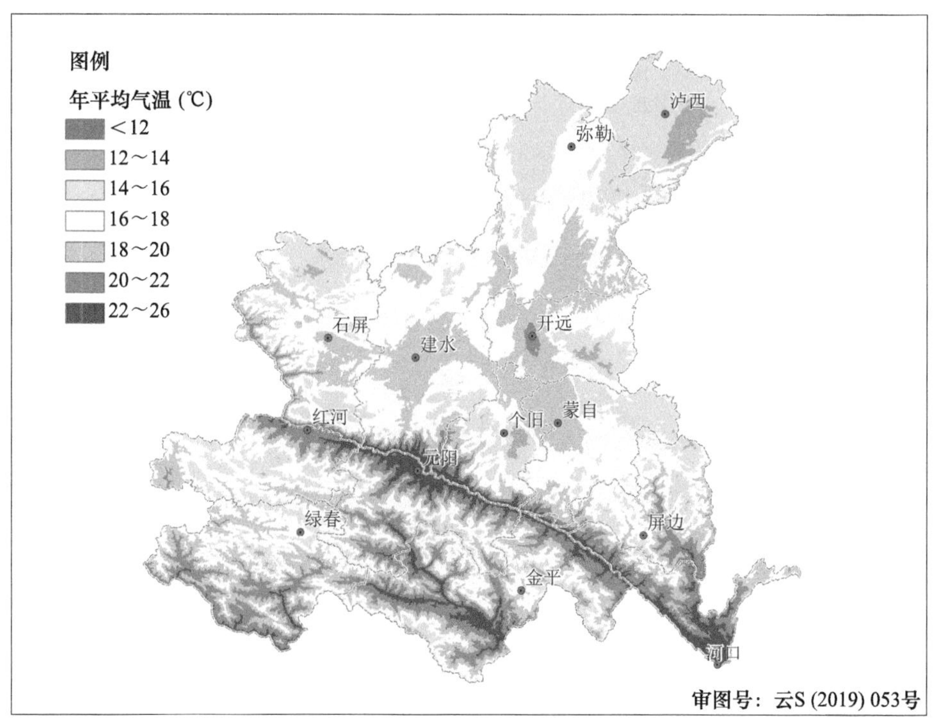

图 3-15 红河州年平均气温分布

(1)冬季(12 月—次年 2 月)

12 月红河州大部地区月平均气温为 10～16 ℃，高值区主要分布在河口、元阳等河谷地带，月平均气温为 16～18 ℃，局地 18 ℃以上；低值区主要分布在高海拔山区和北部坝区，月平均气温为 6～10 ℃(图 3-16)。1 月红河州大部地区月平均气温与 12 月基本持平，河口、元阳等河谷地区月平均气温为 16～18 ℃，泸西大部、弥勒局部、开远东部和石屏北部等高海拔地区月平均气温为6～8 ℃(图 3-17)。2 月红河州大部地区气温略有上升，高值区主要分布在河口南部、元阳中部的红河河谷、金平南部藤条江河谷、绿春南部李仙江河谷地带，月平均气温为 18～20 ℃；低值区主要分布在高海拔山区和一些北部坝区，月平均气温为 8～10 ℃(图 3-18)。

(2)春季(3—5 月)

3 月随着季节的转换，红河州平均气温迅速回升，大部地区月平均气温为 14～18 ℃，建水中部、蒙自西北部、开远西部的坝区和红河到河口的红河河谷、金平藤条江、绿春李仙江等河谷地带月平均气温在 18 ℃以上，而泸西、弥勒北部和石屏北部等高海拔地区月平均气温为 10～14 ℃(图 3-19)。4 月红河州平均气温继续升高，除泸西中部、个旧东部和开远东部等局部地区月平均气温为 14～16 ℃外，其余绝大部分地区月平均气温在 16 ℃以上，其中石屏中部、建水中部、开远中部、弥勒南部、蒙自西北部和河口、元阳、金平、绿春等县的河谷地区月平均气温大于 20 ℃(图 3-20)。5 月红河州平均气温进一步上升，泸西中部、开远东南部和个旧东部等高海拔地区月平均气温为 16～18 ℃，其余各地月平均气温均在 18 ℃以上(图 3-21)。

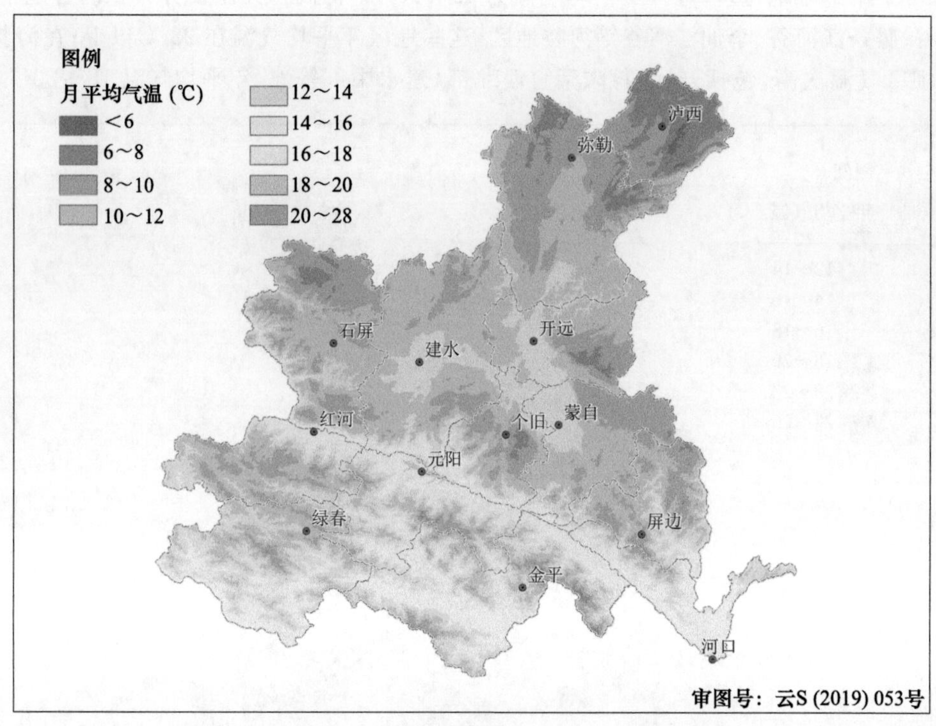

图 3-16　红河州 12 月平均气温分布

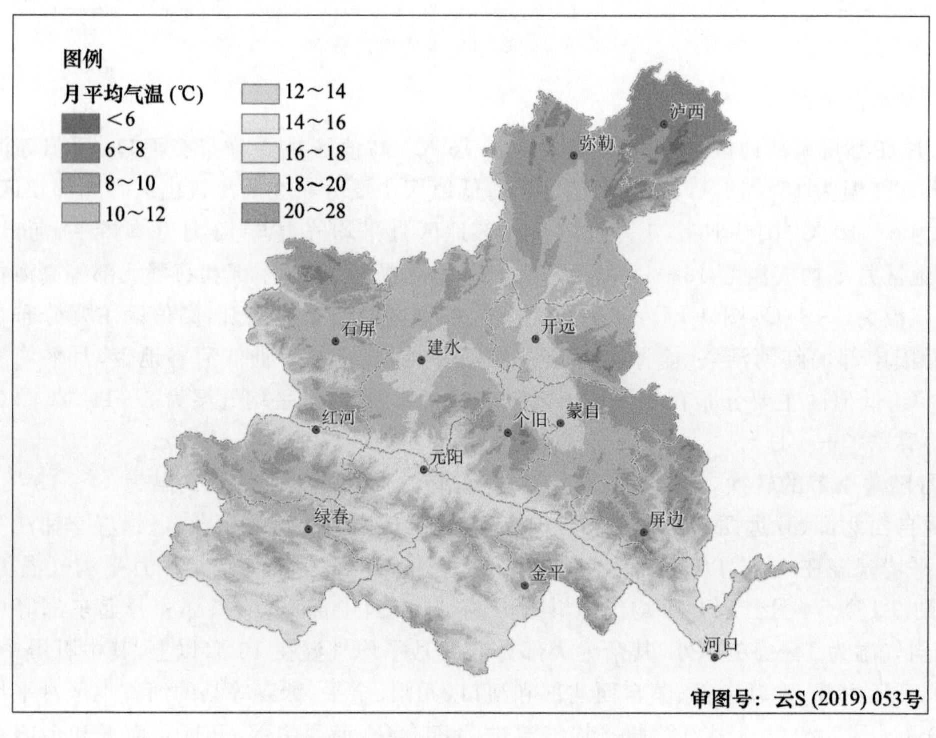

图 3-17　红河州 1 月平均气温分布

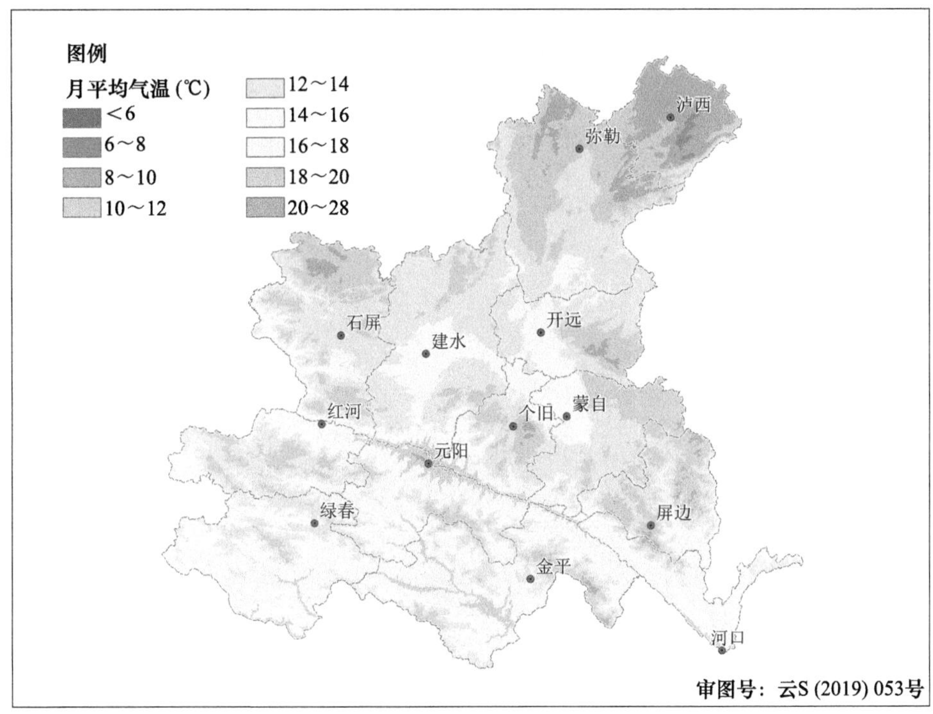

图 3-18 红河州 2 月平均气温分布

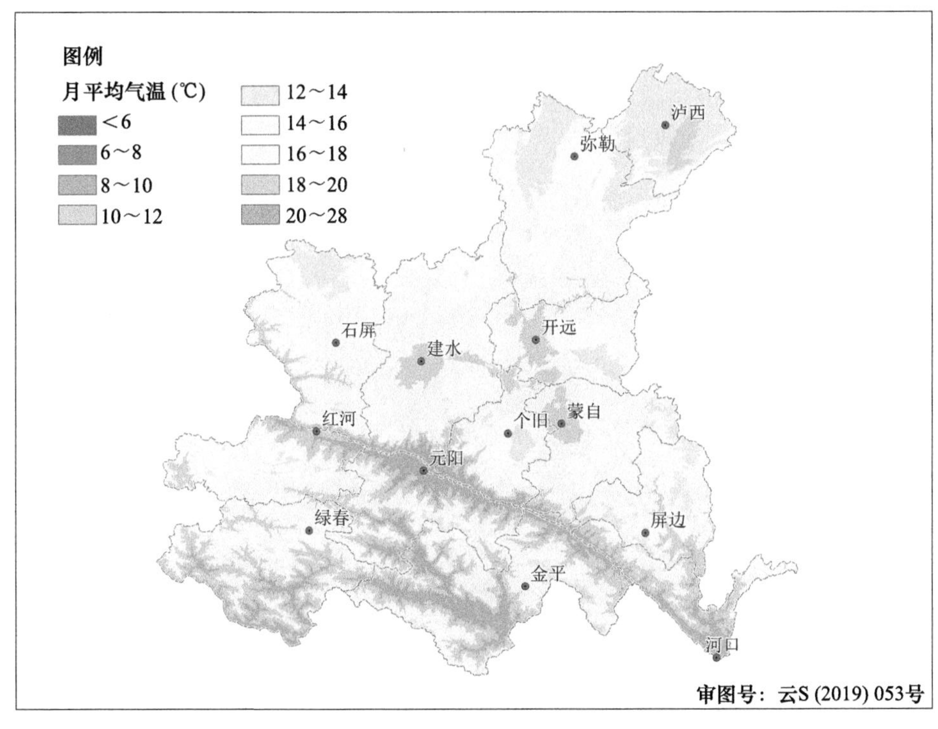

图 3-19 红河州 3 月平均气温分布

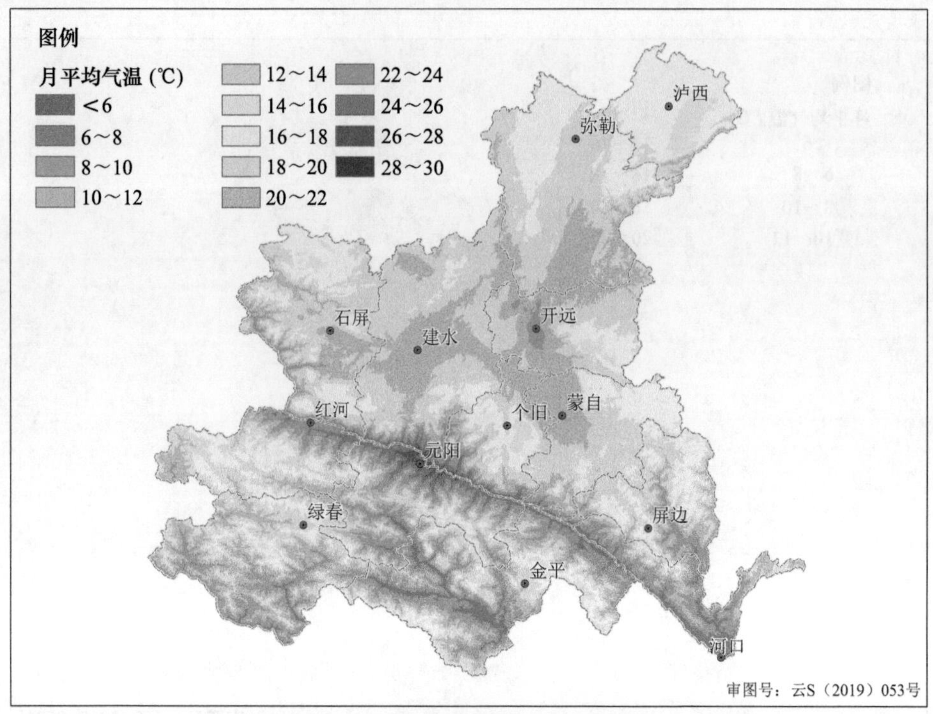

图 3-20 红河州 4 月平均气温分布

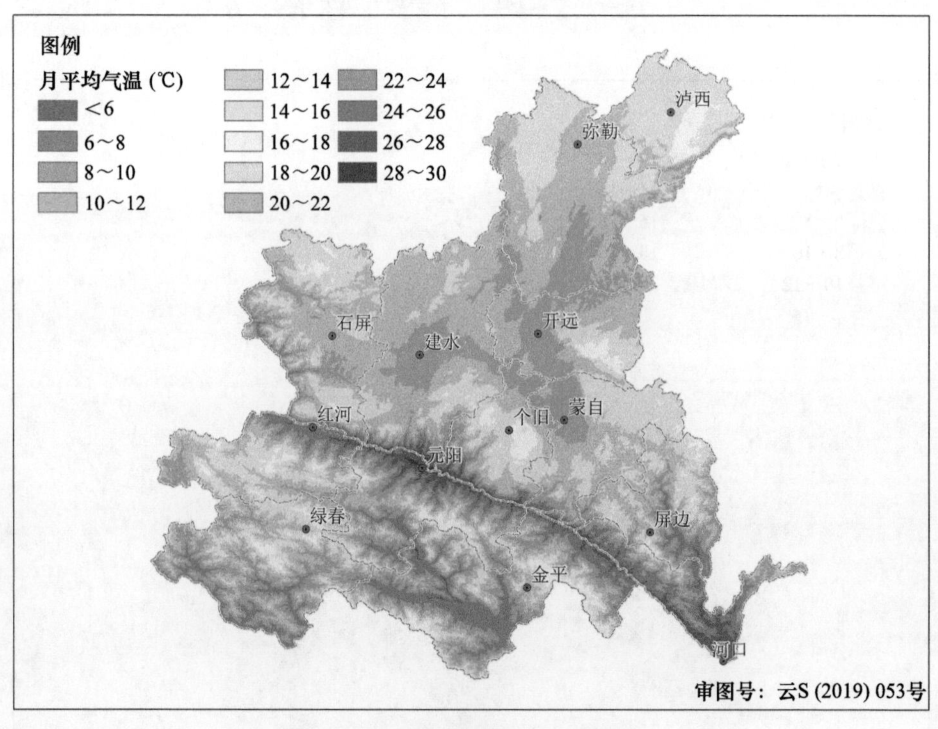

图 3-21 红河州 5 月平均气温分布

(3)夏季(6—8 月)

6 月红河州绝大部分地区月平均气温为 20～28 ℃，泸西东部、弥勒北部、开远东南部、个旧中部和绿春北部等分散区域月平均气温小于 20 ℃，其中个旧局部、绿春局部月平均气温在

16～18 ℃，是 6 月红河州月平均气温分布的低值区(图 3-22)。7 月红河州月平均气温的分布情况与 6 月相似。除泸西东部、弥勒北部、开远东南部、个旧中部和绿春北部等地区月平均气温小于 20 ℃外，其余绝大部分地区月平均气温在 20～28 ℃(图 3-23)。8 月，月平均气温小于 20 ℃的区域比 7 月有所扩大，主要分布在泸西、弥勒北部、开远东南部、蒙自东北部和石屏北部等地，其余大部地区月平均气温在 20～28 ℃(图 3-24)。

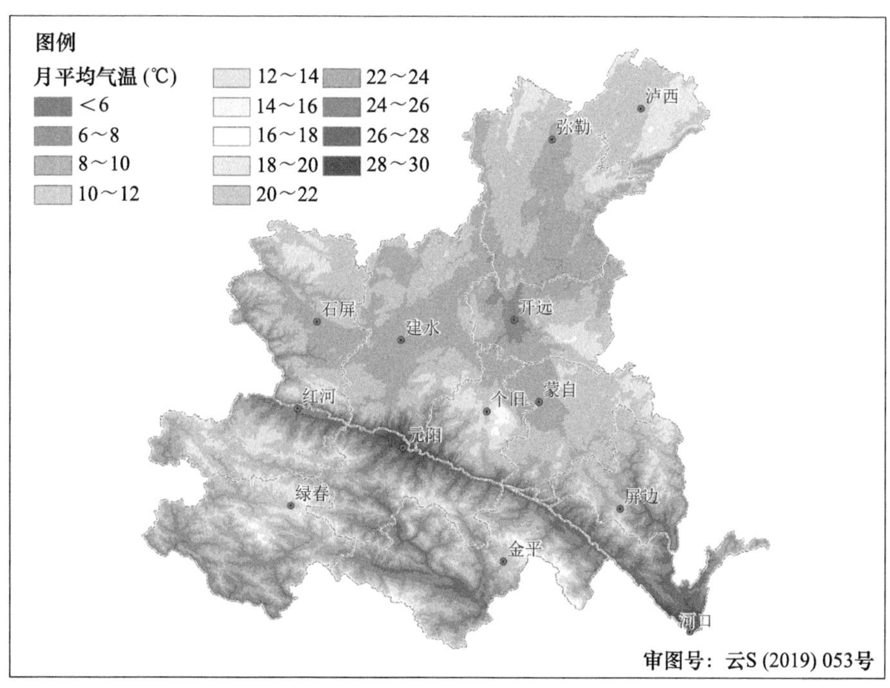

图 3-22　红河州 6 月平均气温分布

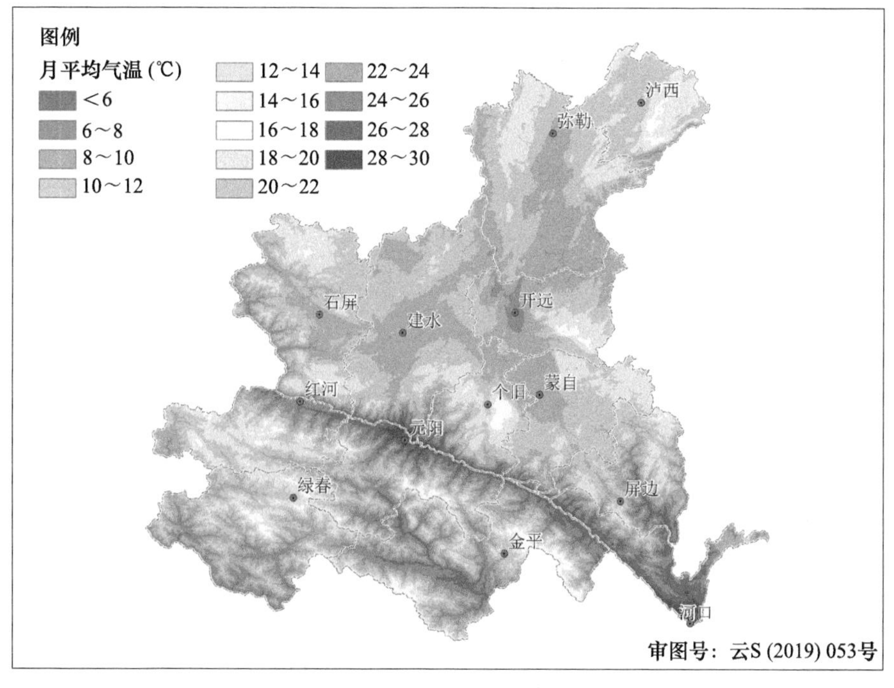

图 3-23　红河州 7 月平均气温分布

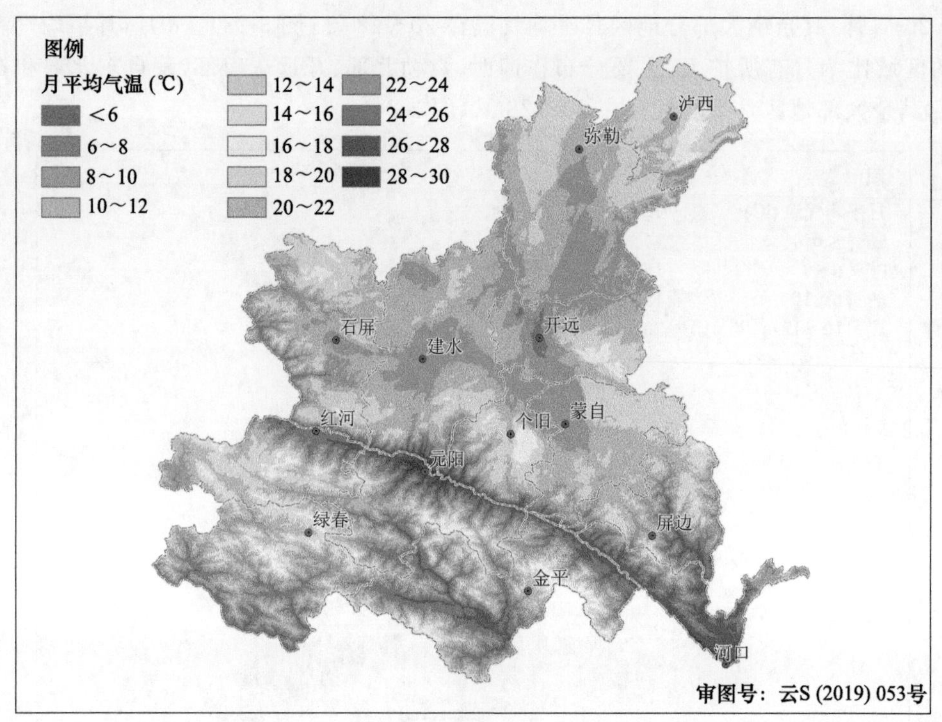

图 3-24　红河州 8 月平均气温分布

(4)秋季(9—11 月)

进入秋季，各地月平均气温开始逐渐下降。9 月大部地区月平均气温为 18～28 ℃，泸西东部、弥勒北部、石屏北部、开远东南部、个旧中部和蒙自东北部等地月平均气温小于18 ℃，其中泸西局部和个旧局部等高海拔地区月平均气温为 14～16 ℃(图 3-25)。10 月平均气温继续降低，大部地区月平均气温在 16～20 ℃，高值区主要分布在河谷的低海拔地区，这些地区月平均气温为 20～28 ℃；低值区主要分布在泸西、弥勒北部、开远东南部、蒙自东北部、个旧东部等地，月平均气温小于 16 ℃，其中泸西东部和个旧东部等地月平均气温为 12～14 ℃(图 3-26)。11 月红河州大部地区月平均气温明显下降，大部地区月平均气温为 10～16 ℃，高值区主要分布在河谷的低海拔地区，这些地区月平均气温在 18 ℃以上；低值区主要分布在泸西大部、弥勒北部、开远东部、个旧东部和石屏北部等地，这些地区月平均气温在 12 ℃以下(图 3-27)。

(5)月平均气温时间变化特征

从图 3-28 可以看出，各代表站点月平均气温的变化为“单峰型”。月平均气温的最大值主要出现在 6 月至 8 月，而月平均气温的最小值主要出现在当年 12 月至次年 1 月。河口等河谷地区各月平均温度最高，蒙自、建水等平坝地区次之，金平、个旧、泸西最低。最高的河口比最低的泸西高 7～10 ℃。

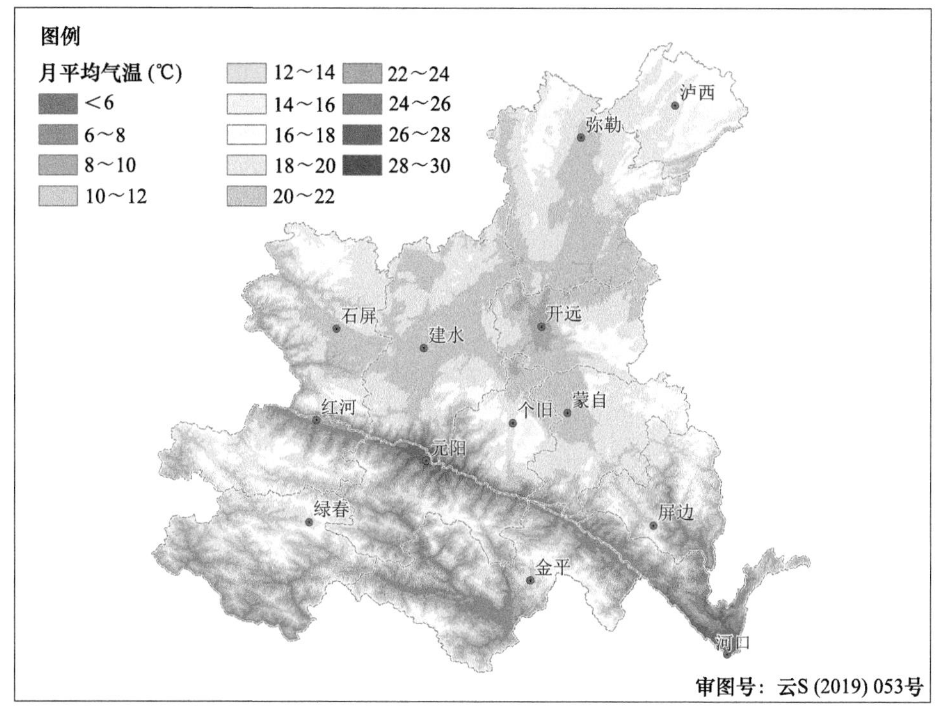

图 3-25 红河州 9 月平均气温分布

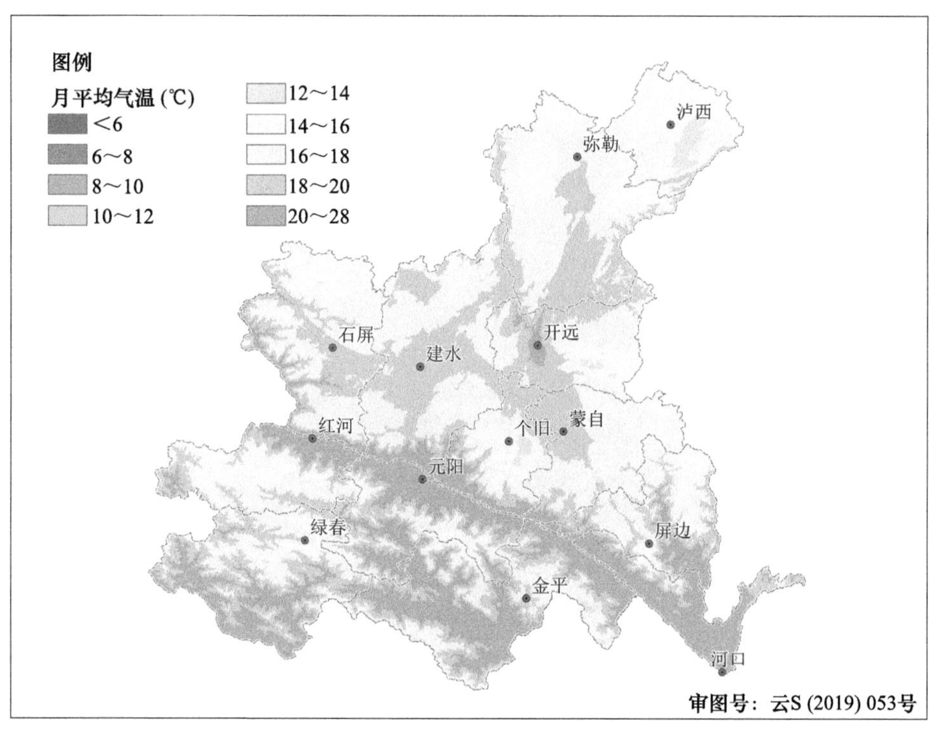

图 3-26 红河州 10 月平均气温分布

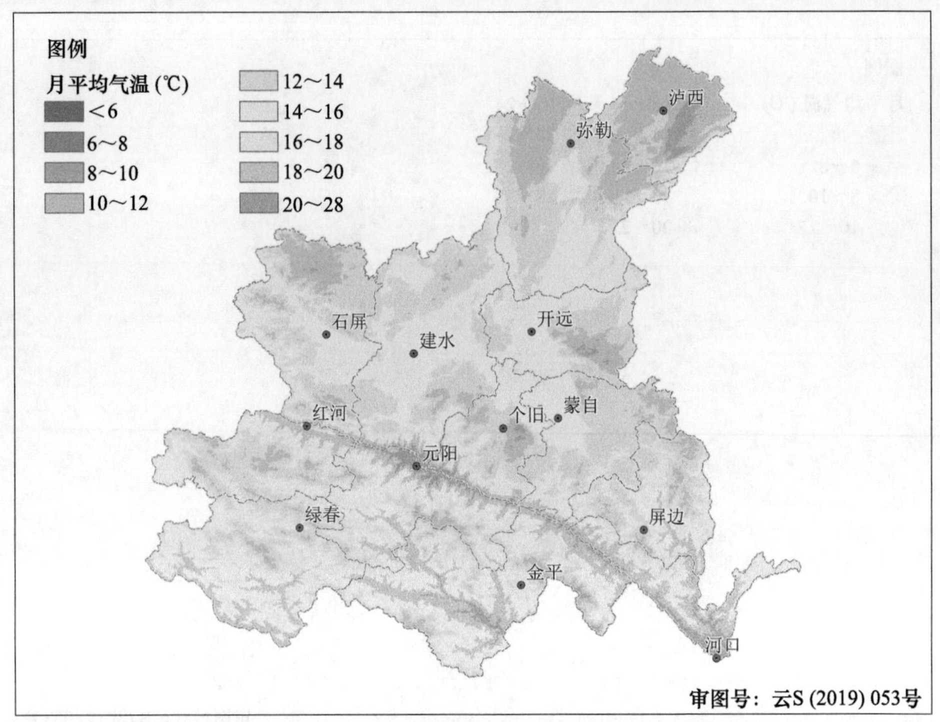

图 3-27　红河州 11 月平均气温分布

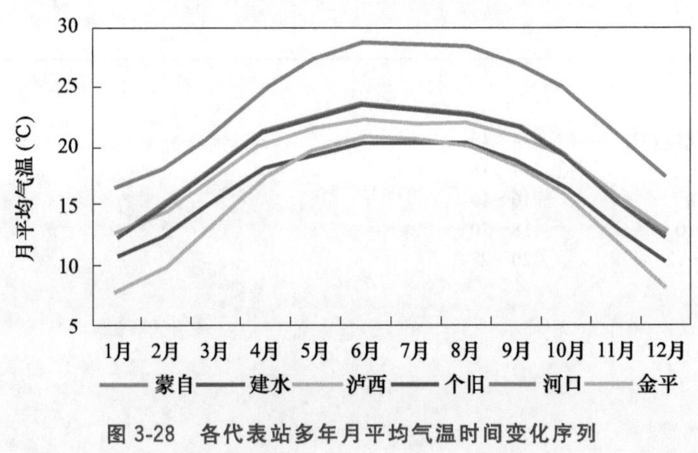

图 3-28　各代表站多年月平均气温时间变化序列

3.2.2　极端最高气温

从红河州平均年极端最高气温区域分布(图 3-29)来看,红河州各地年极端最高气温随着海拔的升高而降低,总体的特点与年平均气温类似,是河谷地区最高,中部坝区次高,北部地区和高海拔地区最低。红河州大部分地区年极端最高气温为 32～36 ℃,高值区主要分布在红河、元阳、河口一线的红河河谷地带,金平藤条江河谷地带,绿春李仙江河谷地带以及中部坝区分散分布,其中河口南部、元阳北部和建水南部的红河河谷地区年极端最高气温大于 40 ℃;而低值区主要分布在泸西东部、石屏北部、开远东部、个旧中部、绿春北部和金平中部等高海拔地区,年极端最高气温小于 32 ℃。

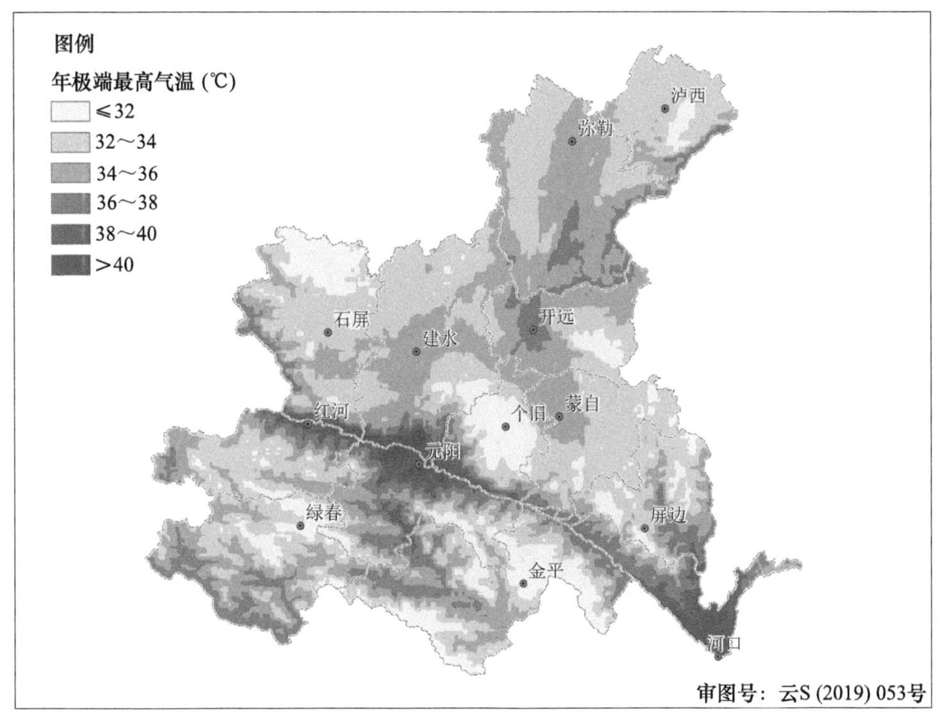

图 3-29　红河州平均年极端最高气温分布

(1)冬季(12 月—次年 2 月)

12 月红河州大部地区极端最高气温为 24～28 ℃，高值区主要分布在河口南部、元阳北部、建水南部的河谷地区，这些地区 12 月极端最高气温大于 30 ℃；低值区主要分布在泸西东部、石屏北部、个旧中部、金平东部和屏边南部等地，这些地区 12 月极端最高气温小于24 ℃，其中个旧局部和金平局部的较高海拔地区 12 月极端最高气温小于 22 ℃(图 3-30)。1 月红河州大部地区极端最高气温仍在 24～28 ℃，河口南部、元阳北部和建水南部等地月极端最高气温大于 30 ℃，是红河州 1 月极端最高气温分布的高值区，泸西东北部、石屏北部、个旧中部和金平局部等地月极端最高气温小于 24 ℃，是红河州 1 月极端最高气温分布的低值区(图 3-31)。2 月红河州极端最高气温较 1 月有所上升，大部地区极端最高气温为 26～32 ℃，河口南部、元阳北部和建水南部等河谷和低海拔地区极端最高气温大于 34 ℃，而石屏北部、个旧中部和金平南部等地极端最高气温小于 26 ℃(图 3-32)。

(2)春季(3 月—5 月)

3 月红河州大部地区极端最高气温继续上升，大部地区极端最高气温为 28～34 ℃，高值区分布在河口大部、元阳北部、建水南部、红河北部、金平中部和石屏南部边缘等河谷地带和低海拔地区，月极端最高气温高于 36 ℃；低值区分布在泸西东部、石屏北部、个旧中部和金平东南部边缘等地，月极端最高气温低于 28 ℃(图 3-33)。4 月红河州极端最高气温迅速上升，大部地区极端最高气温为 32～36 ℃，高值区分布在河口南部、元阳北部边缘、建水南部边缘和红河北部边缘等地，月极端最高气温高于 38 ℃；低值区分布在泸西东部、石屏中北部、开远东部、个旧大部、绿春东北部、屏边北部和金平东部和西南部边缘等地，月极端最高气温低于 32 ℃(图 3-34)。5 月红河州大部地区极端最高气温为 30～34 ℃，高值区分布在河口、元阳北部、建水南部和红河北部等地，月极端最高气温高于 36 ℃；低值区分布在金平南部边缘和个旧中部，月极端最高气温低于 30 ℃(图 3-35)。

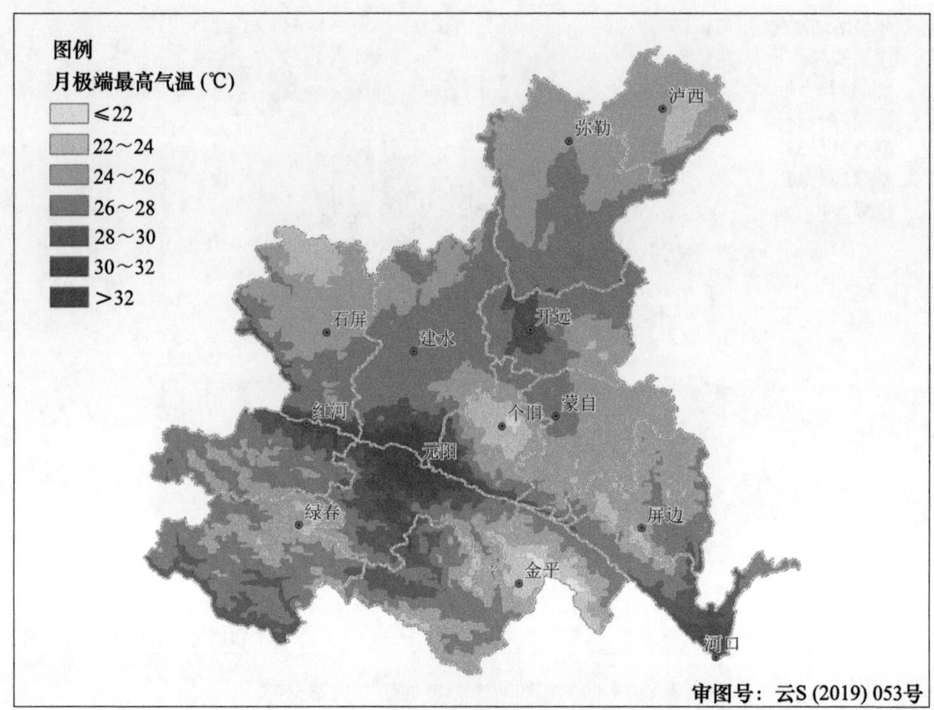

图 3-30 红河州 12 月极端最高气温分布

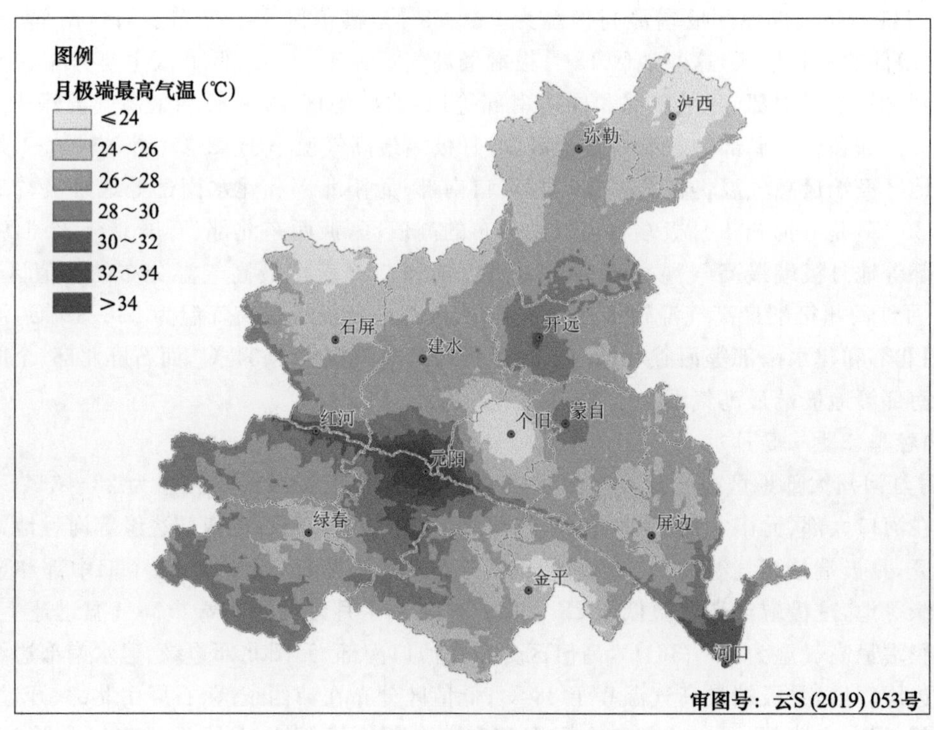

图 3-31 红河州 1 月极端最高气温分布

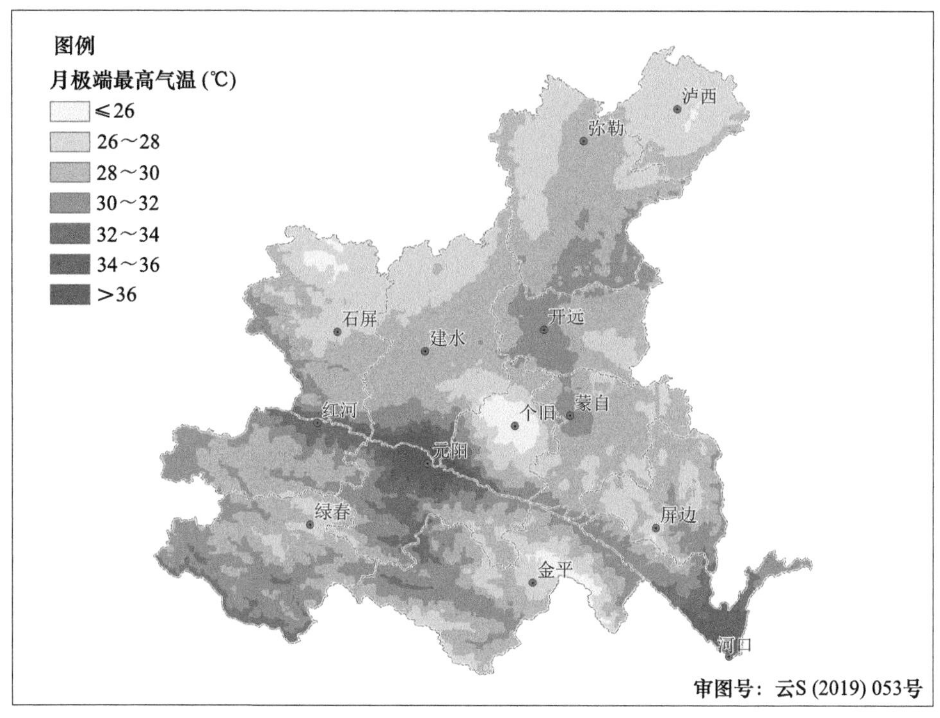

图 3-32 红河州 2 月极端最高气温分布

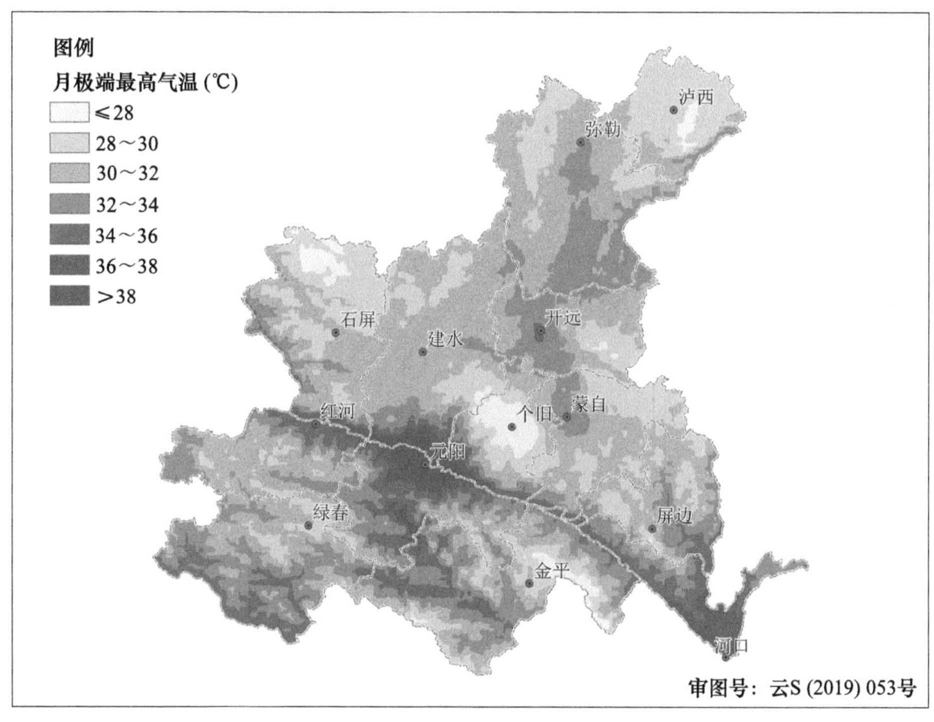

图 3-33 红河州 3 月极端最高气温分布

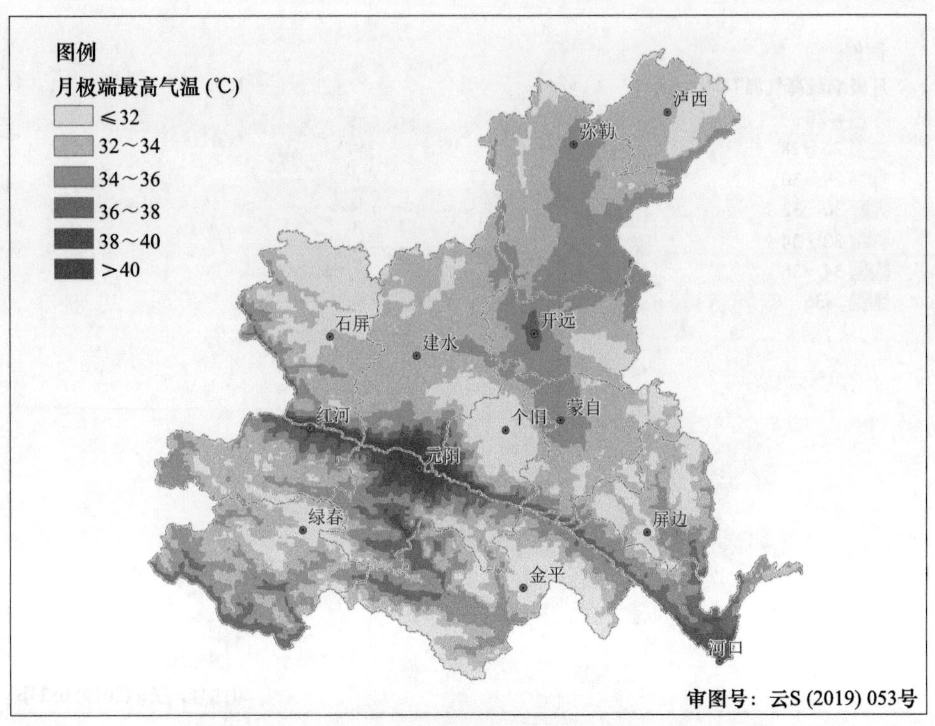

图 3-34　红河州 4 月极端最高气温分布

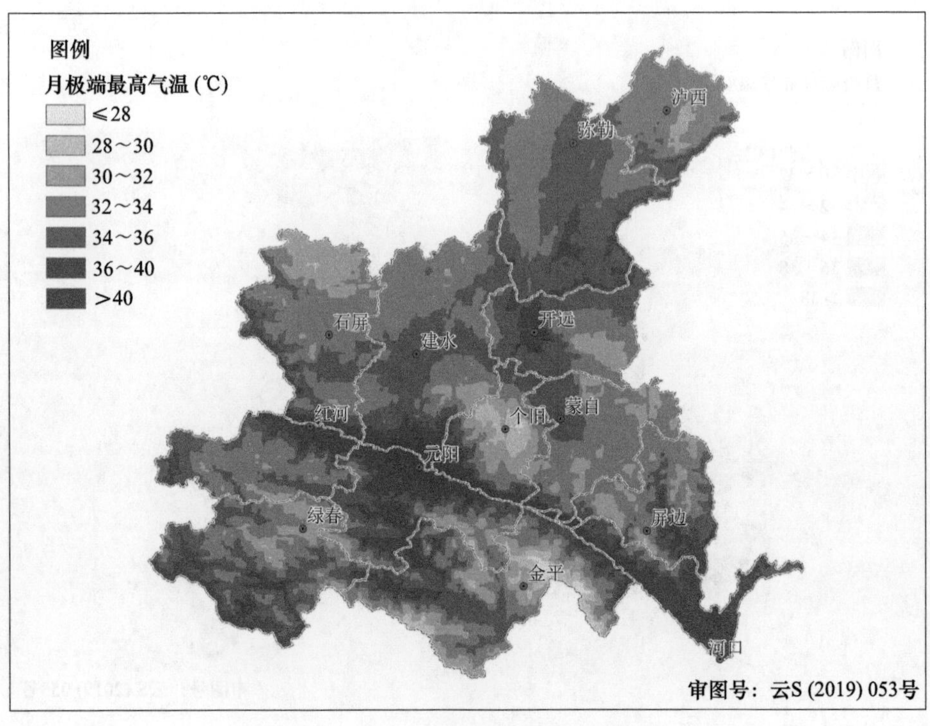

图 3-35　红河州 5 月极端最高气温分布

(3)夏季(6—8 月)

6 月红河州大部地区极端最高气温为 30～34 ℃,高值区分布在河口南部、元阳北部、红河北部、建水南部和个旧南部等地,月极端最高气温大于 36 ℃;低值区分布在个旧东部和金平东南部边缘等地,月极端最高气温不足 28 ℃(图 3-36)。7 月红河州极端最高气温分布情况与 6 月相似,大部地区极端最高气温为 30～34 ℃,河口南部、元阳北部、红河北部、建水南部和个旧南部等河谷地区以及金平北部等低海拔地区月极端最高气温大于 36 ℃,而个旧东部和金平东南部边缘等地月极端最高气温不足 28 ℃(图 3-37)。8 月红河州极端最高气温开始下降,大部地区极端最高气温为 28～34 ℃,高值区分布在河口、屏边南部、元阳北部、建水南部和个旧南部等地,月极端最高气温大于34 ℃,低值区主要分布在泸西东部、开远东部、个旧东部和金平东南部等地,月极端最高气温小于 28 ℃,其中金平东南边缘的局部地区月极端最高气温小于26 ℃(图 3-38)。

(4)秋季(9—11 月)

9 月红河州大部地区极端最高气温为 30～34 ℃,高值区分布在河口大部、个旧南部、元阳北部和建水南部等地,月极端最高气温高于 36 ℃;低值区分布在泸西东部、开远东部、建水东南部、石屏北部和红河中部等地,月极端最高气温为 28～30 ℃,较 8 月有所上升,其中个旧东部和金平东南部边缘月极端最高气温低于 28 ℃(图 3-39)。10 月红河州气温下降,大部地区月极端最高气温为 28～32 ℃,个旧中部、开远东部、金平东南部和西南部边缘地区月极端最高气温下降至 22～26 ℃,而河口南部、元阳北部、个旧南部、建水南部和红河北部等地月极端最高气温高于 34 ℃(图 3-40)。11 月红河州大部地区极端最高气温继续下降,为 24～30 ℃,个旧中部和金平东南部边缘等地月极端最高气温低于 24 ℃,而河口南部、屏边南部、个旧南部、元阳北部和建水南部等地月极端最高气温高于 32 ℃(图 3-41)。

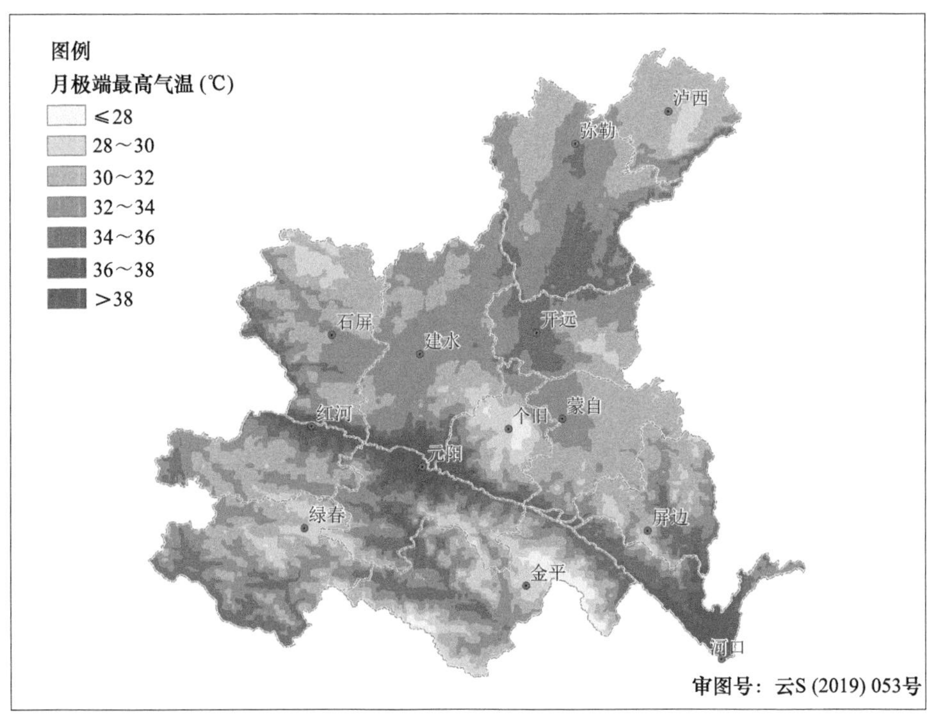

图 3-36 红河州 6 月极端最高气温分布

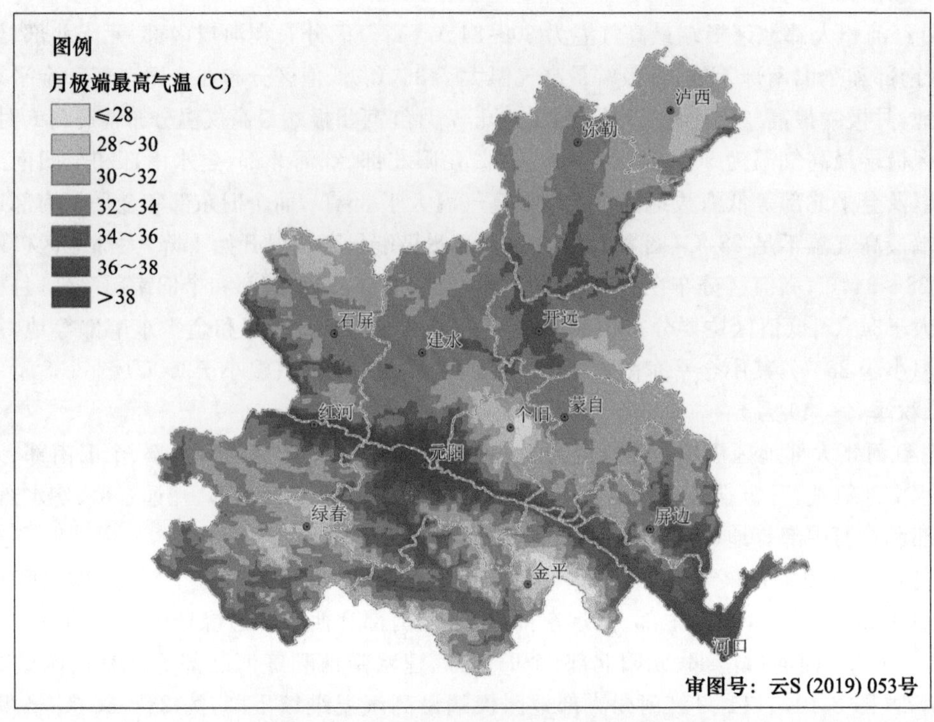

图 3-37 红河州 7 月极端最高气温分布

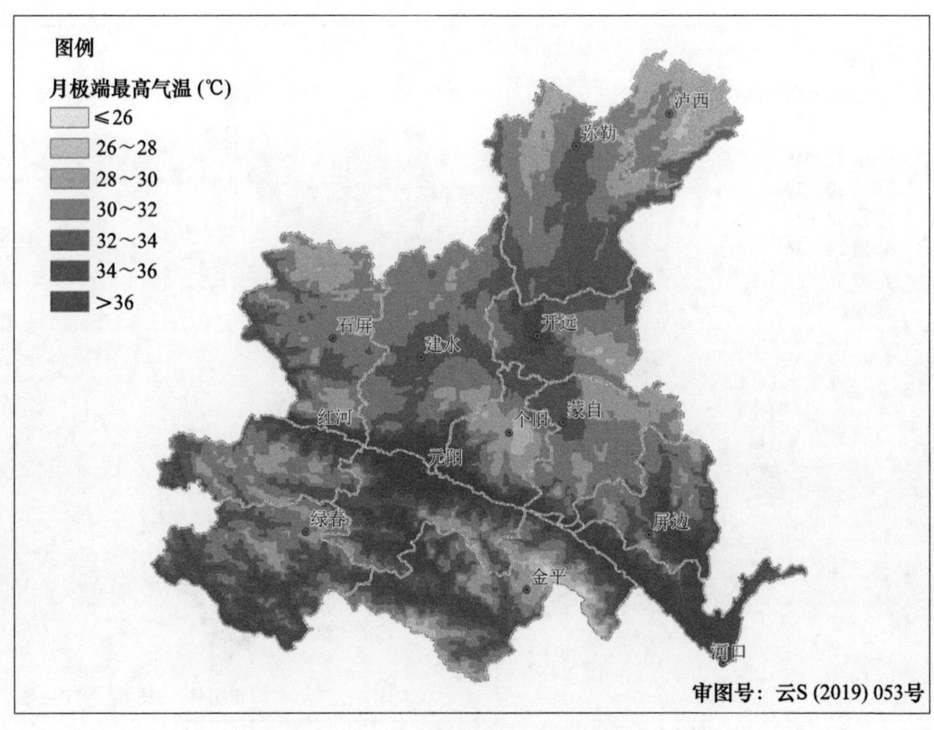

图 3-38 红河州 8 月极端最高气温分布

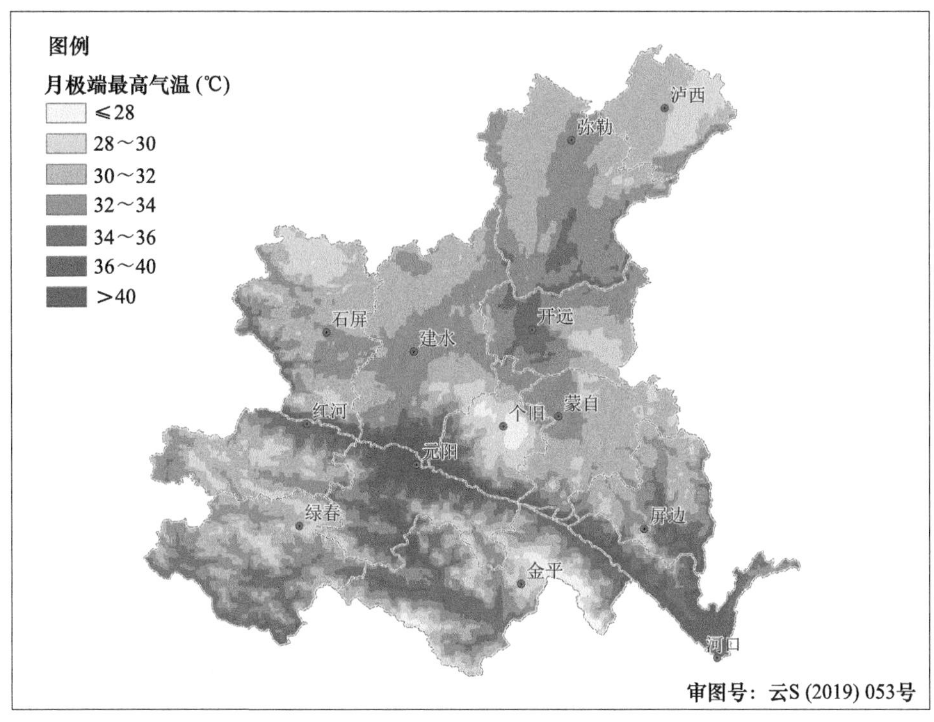

图 3-39　红河州 9 月极端最高气温分布

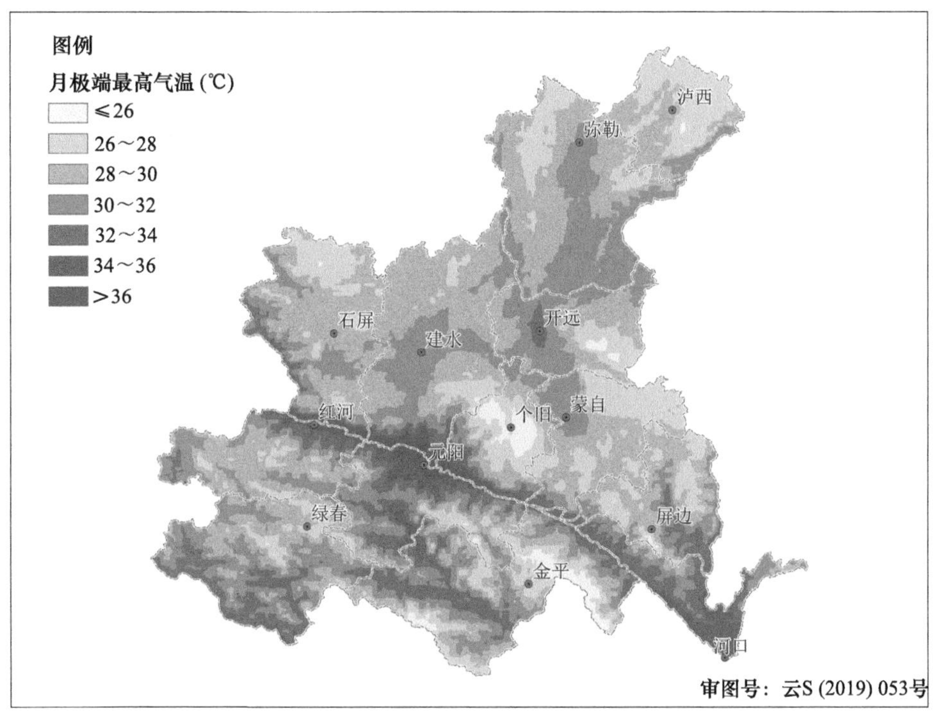

图 3-40　红河州 10 月极端最高气温分布

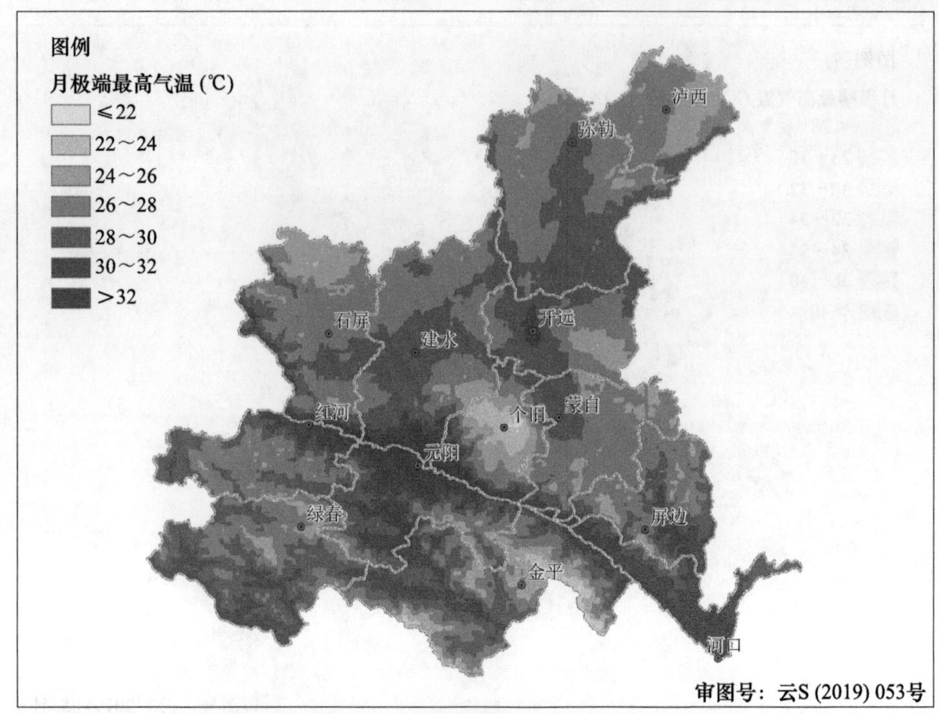

图 3-41 红河州 11 月极端最高气温分布

(5)月极端最高气温时间变化特征

从图 3-42 中可以看出，各站月平均极端最高气温随时间变化呈现"单峰型"，最高值出现在 4—5 月，而最低值出现在 12 月—次年 1 月；河口极端最高气温最高，相较其他县市高 3～12 ℃，个旧极端最高气温最低。

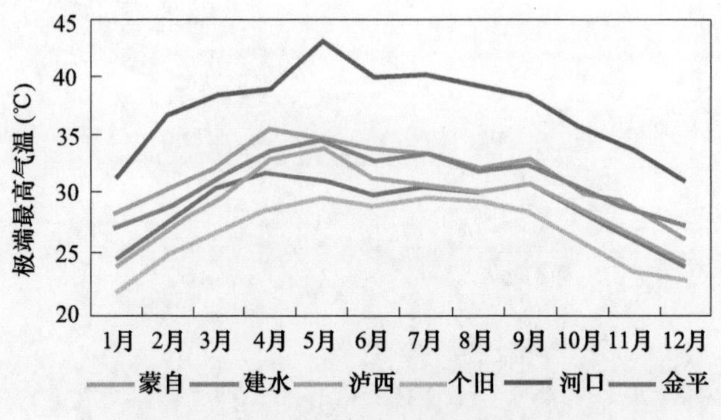

图 3-42 各代表站多年月平均极端最高气温时间变化序列

3.2.3 极端最低气温

红河州平均年极端最低气温分布总体上呈现：南边高、北边低，河谷和低海拔地区高，而高海拔及山区低的分布特征(图 3-43)。红河州大部地区年极端最低气温为－8～0 ℃，高值区分布在河口大部、元阳北部、红河北部的红河河谷地区、金平藤条江河谷地区和绿春李仙江河谷地区以及屏边南部等地，年极端最低气温均在 2 ℃以上；低值区分布在泸西大部、弥勒北部和开远东部等地，年极端最低气温低于－8 ℃。

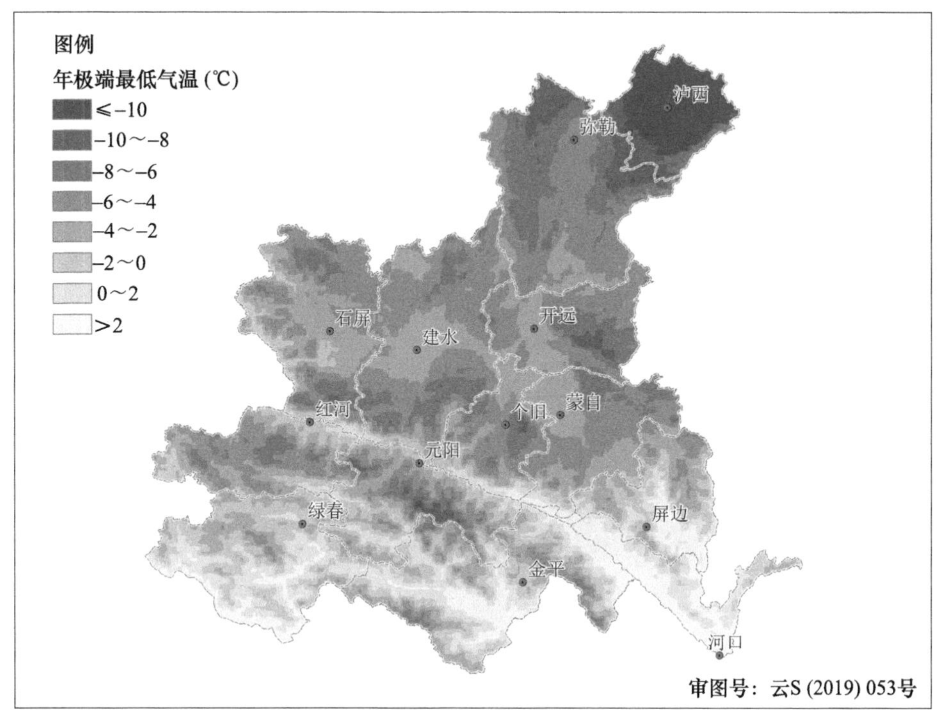

图 3-43 红河州平均年极端最低气温分布

(1)冬季(12 月—次年 2 月)

12 月红河州大部地区极端最低气温为－6～0 ℃，高值区主要分布在河口大部、屏边中南部、金平南部和绿春局部等地，月极端最低气温高于 2 ℃；低值区主要分布在泸西、弥勒北部、开远东部等地，月极端最低气温在－8 ℃以下(图 3-44)。1 月红河州大部地区月极端最低气温在－4～2 ℃，高值区分布在河口北部、金平南部、绿春南部等地，月极端最低气温高于 4 ℃；低值区分布在泸西、弥勒北部、开远东部和建水南部等地，月极端最低气温低于－4 ℃(图 3-45)。2 月红河州月极端最低气温开始回升，大部地区月极端最低气温为0～2 ℃，高值区分布在河口、屏边中南部、金平南部和绿春中南部等地，月极端最低气温高于 4 ℃；低值区分布在泸西大部、弥勒北部和东部等地，月极端最低气温低于－4 ℃(图 3-46)。

(2)春季(3—5 月)

3 月红河州大部地区月极端最低气温为－4～0 ℃(图 3-47)，高值区分布在河口大部、金平南部和屏边南部等地，月极端最低气温高于 4 ℃；低值区分布在泸西、弥勒北部、开远东部和建水南部等地，月极端最低气温低于－4 ℃。4 月随着气温的回升，除了泸西东部、建水南部和元阳中部的局部地区外，红河州大部地区月极端最低气温均在 0 ℃以上，其中河口、屏边南部、金平南部和绿春南部等地月极端最低气温高于 8 ℃(图 3-48)。5 月红河州大部地区月极端最低气温为 4～10 ℃，高值区分布在河口、屏边南部、金平南部和绿春南部，月极端最低气温高于 14 ℃；低值区分布在泸西大部、弥勒北部和石屏北部等地，月极端最低气温低于4 ℃(图 3-49)。

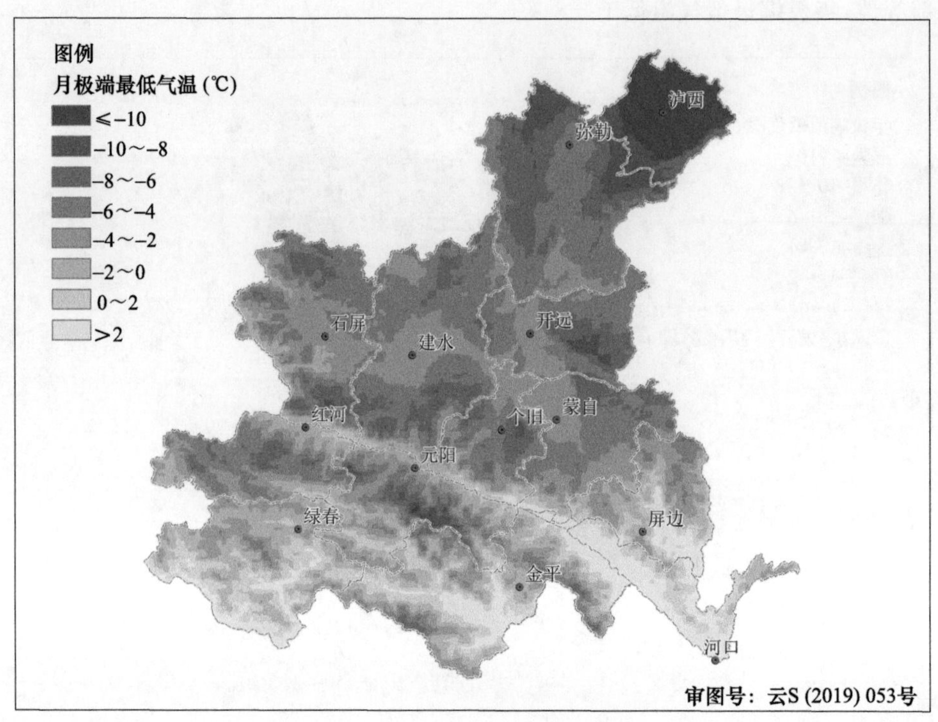

图 3-44　红河州 12 月极端最低气温分布

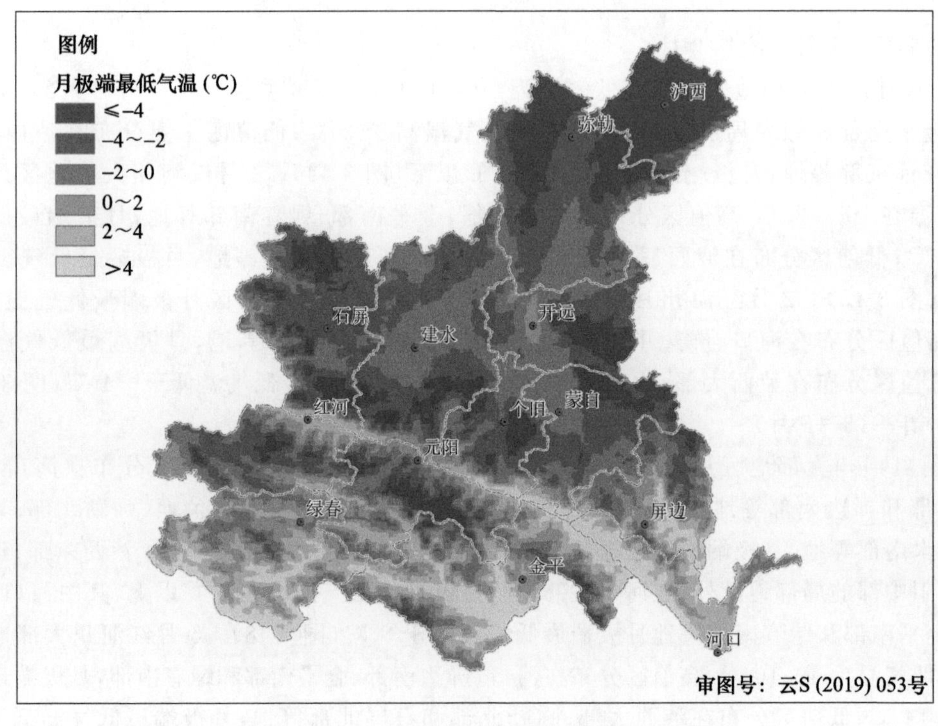

图 3-45　红河州 1 月极端最低气温分布

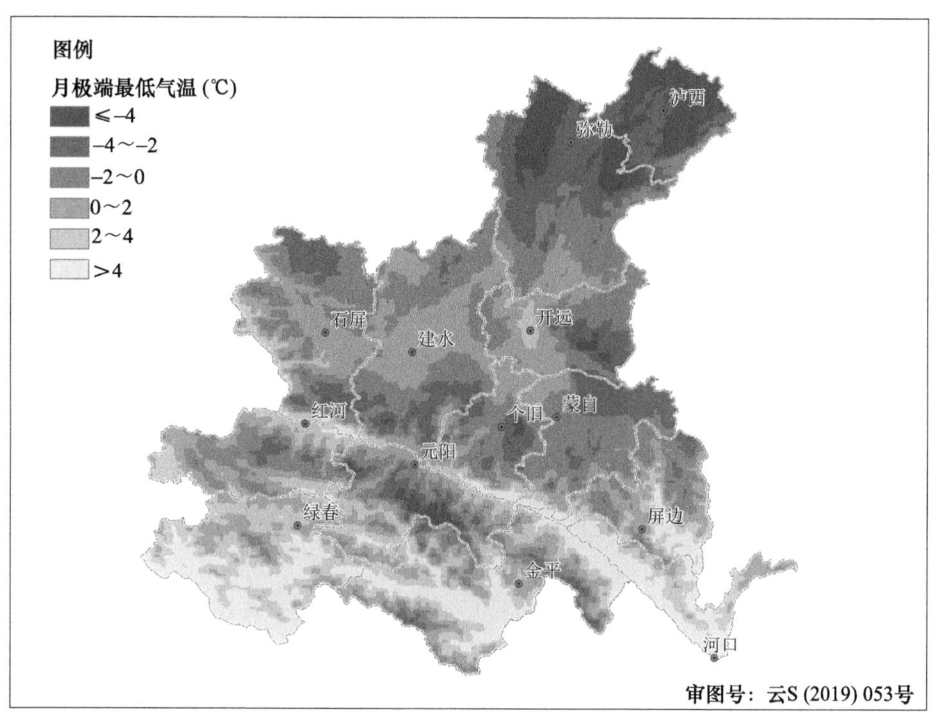

图 3-46 红河州 2 月极端最低气温分布

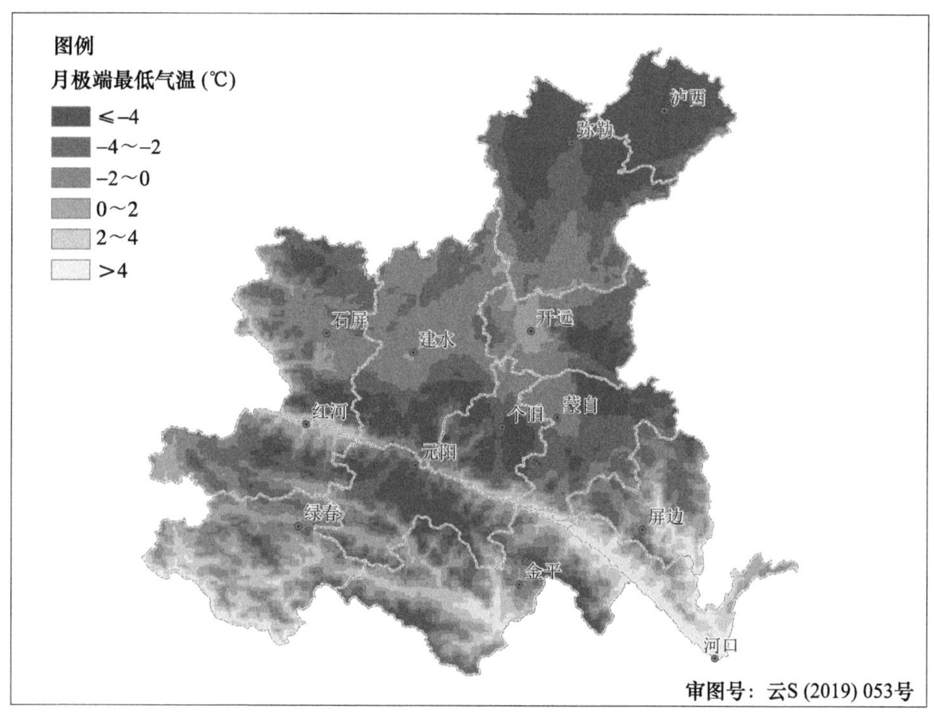

图 3-47 红河州 3 月极端最低气温分布

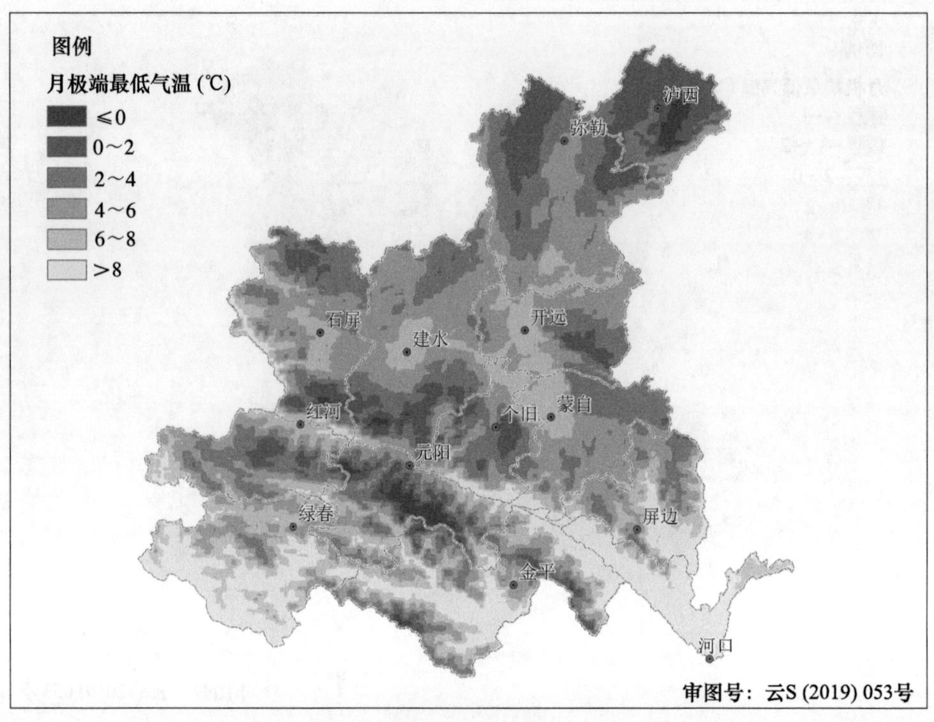

图 3-48 红河州 4 月极端最低气温分布

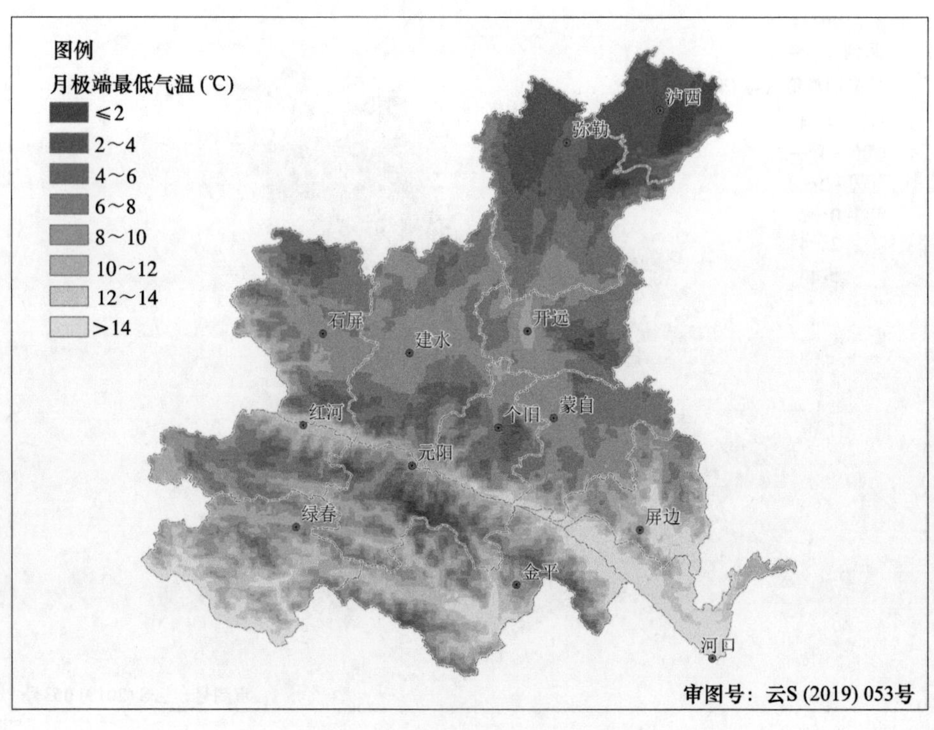

图 3-49 红河州 5 月极端最低气温分布

(3)夏季(6—8 月)

6 月红河州月极端最低气温继续上升，大部分地区为 8～16 ℃，高值区分布在河口西部、金平东部和南部、屏边南部等地，月极端最低气温高于 18 ℃；低值区分布在泸西东部、弥勒北部、石屏北部和建水南部等地，月极端最低气温低于 10 ℃(图 3-50)。7 月红河州大部地区极端最低气温为 10～16 ℃，高值区分布在河口、屏边南部、金平南部和绿春南部等地，月极端最低气温高于 18 ℃，低值区分布在泸西东部、建水南部和开远东部等地，月极端最低气温低于10 ℃(图 3-51)。8 月红河州大部地区极端最低气温为 10～16 ℃，河口、金平南部和屏边南部等地月极端最低气温高于 18 ℃；泸西东部、元阳东南部和开远东部等地月极端最低气温低于8 ℃(图 3-52)。

(4)秋季(9—11 月)

9 月红河州极端最低气温开始下降，大部地区极端最低气温为 6～12 ℃，高值区分布在河口、屏边中南部、金平南部和东部以及绿春南部等地，月极端最低气温高于 14 ℃；低值区分布在泸西东部、个旧东部和开远东部等地，月极端最低气温为 2～4 ℃(图 3-53)。10 月红河州极端最低气温继续下降，大部地区极端最低气温为 2～8 ℃，河口大部、屏边中南部、金平南部和东部、绿春南部和红河北部等地月极端最低气温高于 10 ℃，泸西东部、开远东部和元阳南部等地月极端最低气温低于 0 ℃(图 3-54)。11 月红河州极端最低气温明显下降，大部地区极端最低气温为－4～2 ℃，高值区分布在河口、屏边中南部、金平大部、绿春大部和红河北部等地，月极端最低气温高于 4 ℃；低值区分布在泸西大部、弥勒东部和北部、开远东部和元阳南部等地，月极端最低气温低于－4 ℃(图 3-55)。

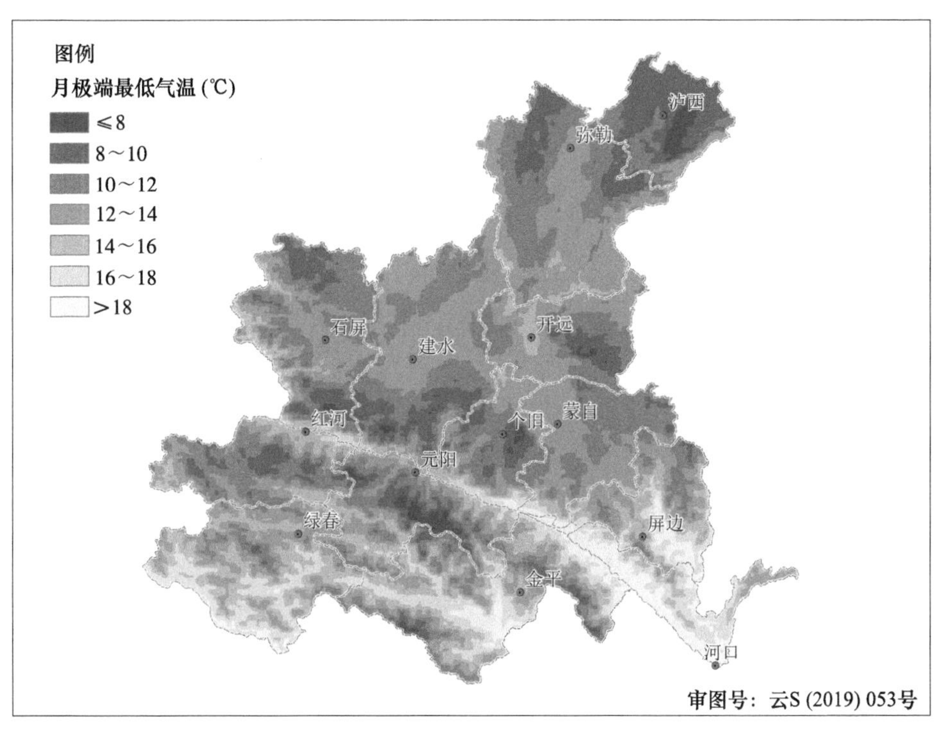

图 3-50 红河州 6 月极端最低气温分布

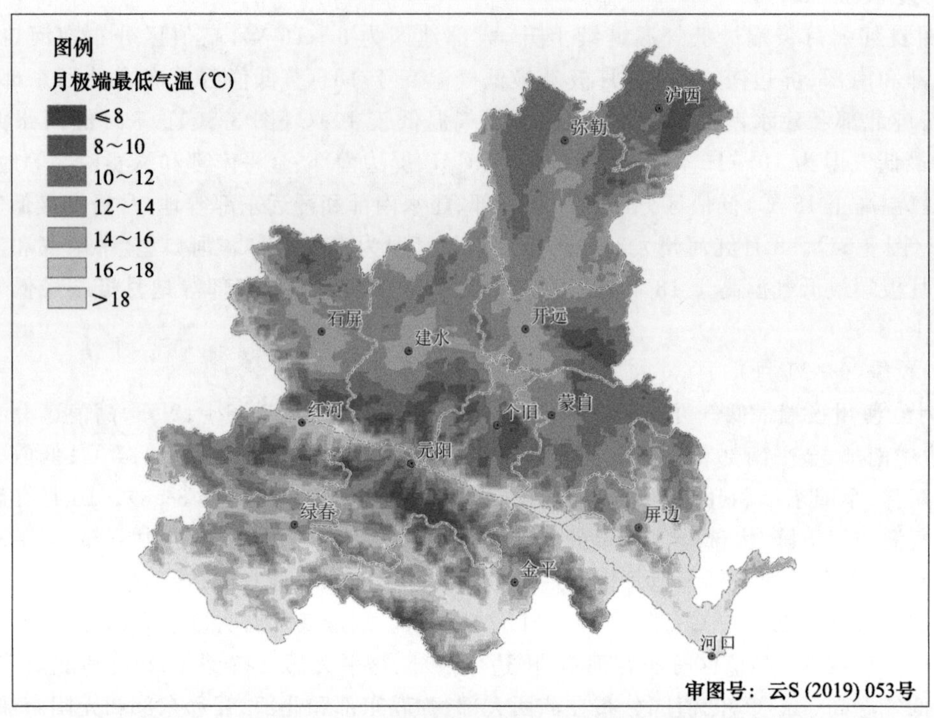

图 3-51　红河州 7 月极端最低气温分布

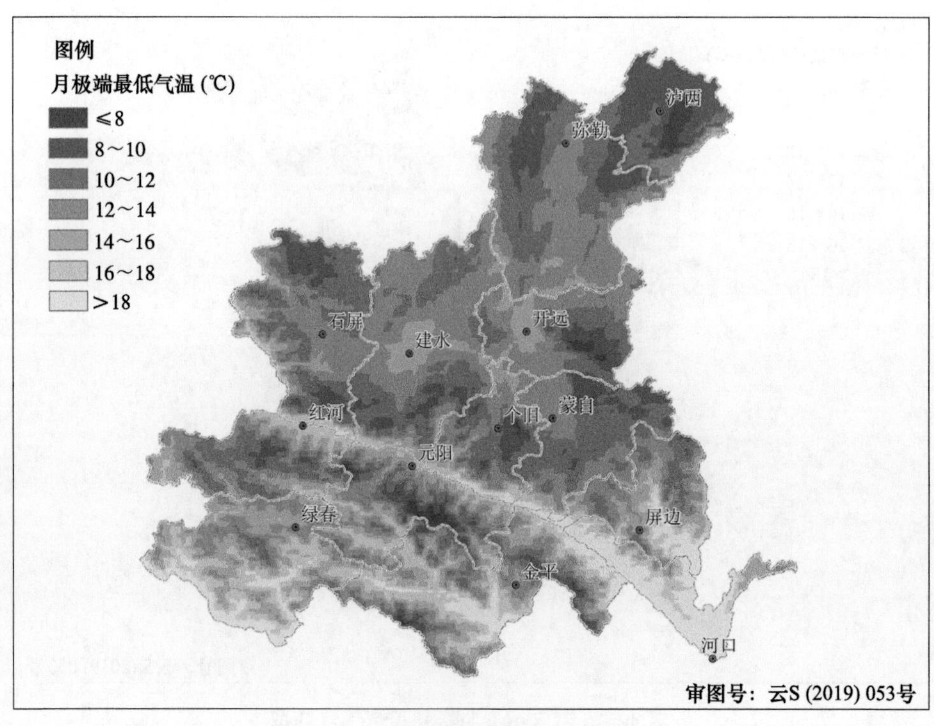

图 3-52　红河州 8 月极端最低气温分布

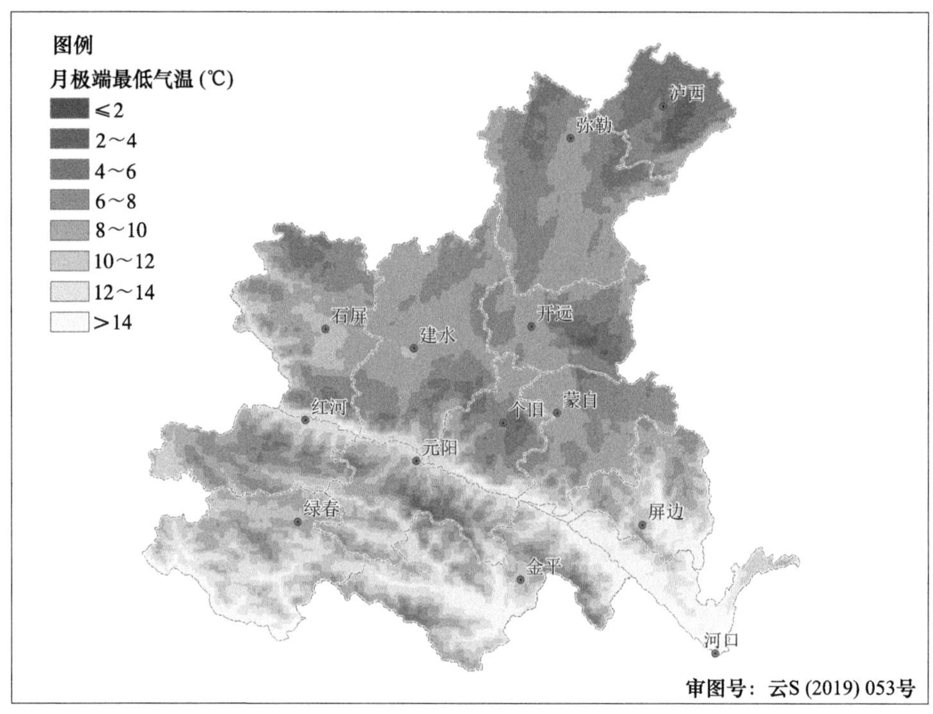

图 3-53　红河州 9 月极端最低气温分布

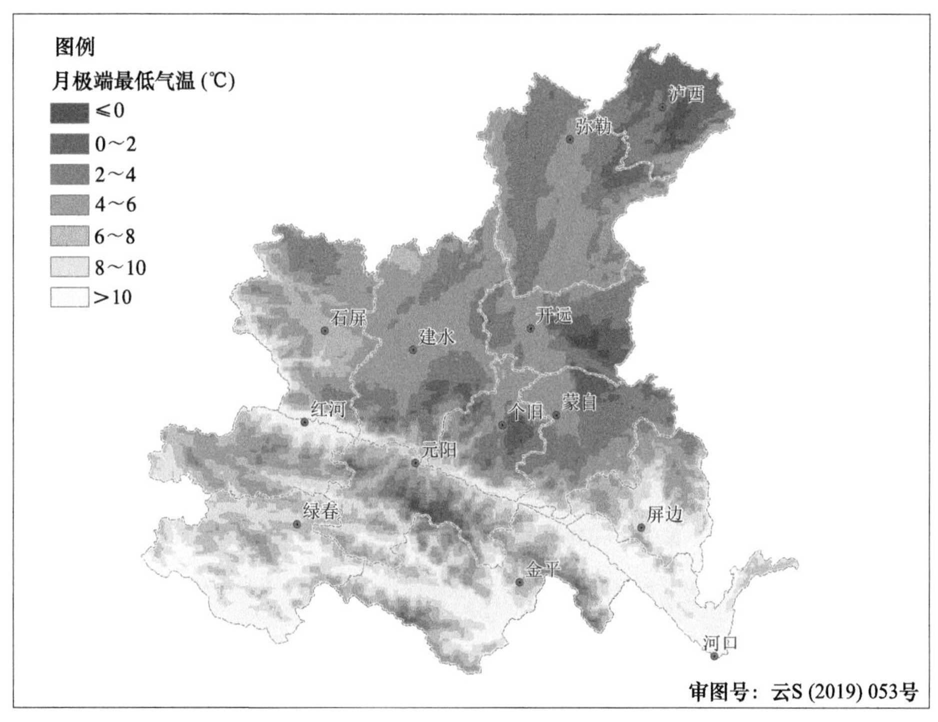

图 3-54　红河州 10 月极端最低气温分布

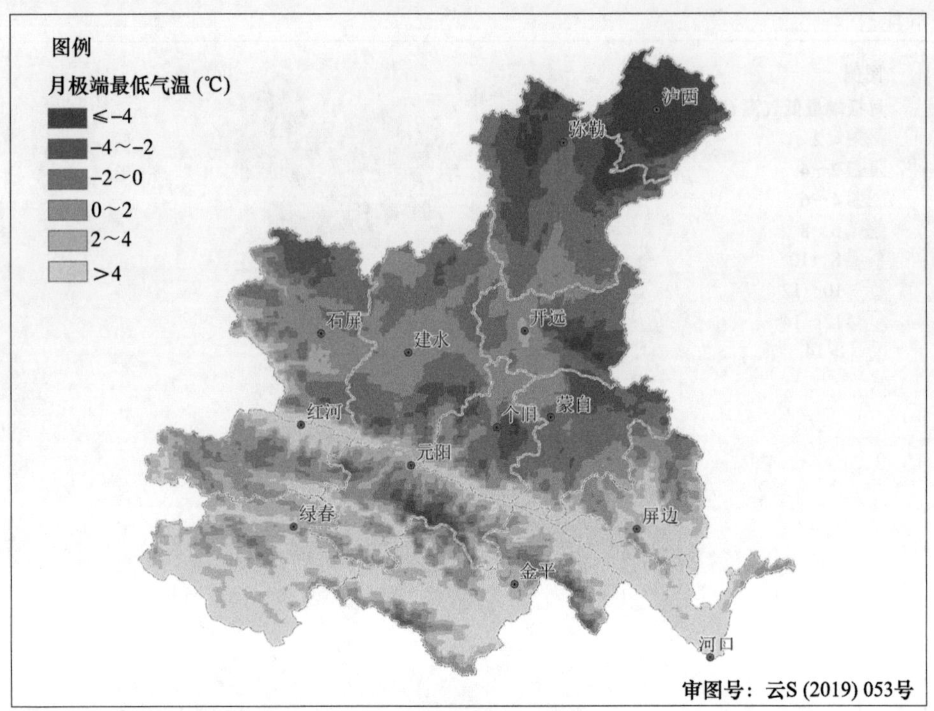

图 3-55 红河州 11 月极端最低气温分布

(5)月极端最低气温时间变化特征

各站月极端最低气温随时间变化呈现"单峰型",月极端最低气温的最大值主要出现在 6 月至 8 月,而月极端最低气温的最小值主要出现在当年 12 月—次年 3 月(图 3-56),其中 2 月有小幅回升,3 月易受倒春寒影响,气温较低。极端最低气温最小值主要出现在泸西、个旧;最大值主要出现在河口县。

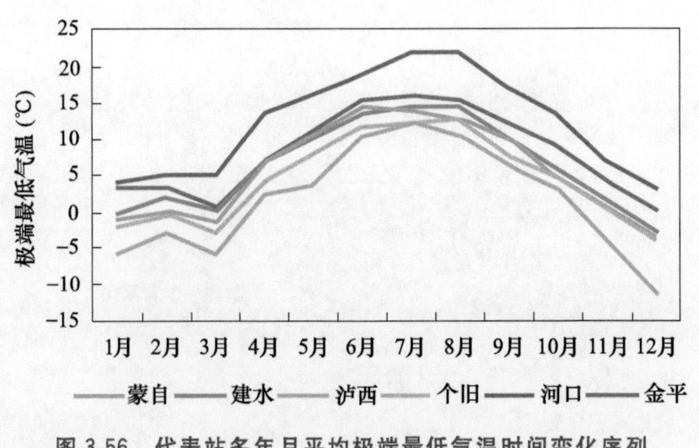

图 3-56 代表站多年月平均极端最低气温时间变化序列

3.2.4 日平均气温≥0 ℃的积温分布

从图 3-57 中可看出,红河州日平均气温≥0 ℃的积温分布呈现出河谷地带高,中部坝区次高,山区和东北部坝区低的特征。红河州大部地区日平均气温≥0 ℃的积温为 5000～7000 ℃·d,高值区分布在红河北部、元阳北部、河口大部的红河河谷地区、金平南部和东部藤条江河谷地区、绿春南部李仙江河谷地区及屏边南部和开远中部等地，上述地区日平均气温≥0 ℃的积温大于7000 ℃·d；低值区分布在泸西东部和元阳南部等地，这些地区日平均气温≥0 ℃的积温在4000～5000 ℃·d。

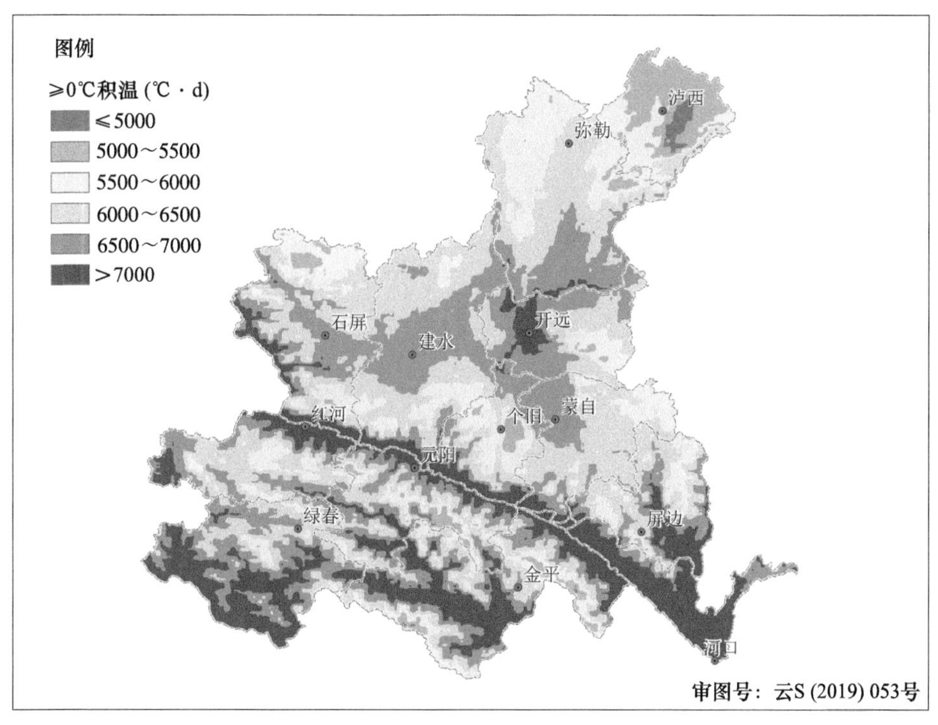

图 3-57 红河州日平均气温≥0 ℃的积温分布

3.2.5 日平均气温≥10 ℃的积温分布

红河州日平均气温≥10 ℃的积温分布特征是北部和高海拔山区低，南部和河谷地区高（图 3-58）。红河州大部地区日平均气温≥10 ℃的积温为5000～7000 ℃·d，高值区分布在河口南部、绿春南部和金平南部等地，上述地区日平均气温≥10 ℃的积温大于或等于7000 ℃·d；低值区主要分布在泸西东部，这些地区日平均气温≥10 ℃的积温为3000～4000 ℃·d。

3.2.6 日平均气温≥15 ℃的积温分布

红河州大部地区日平均气温≥15 ℃的积温为4000～6000 ℃·d，高值区分布在河口南部和绿春南部边缘等地，这些地区日平均气温≥15 ℃的积温大于6000 ℃·d；低值区主要分布在泸西东部、个旧东部和元阳南部等地，这些地区日平均气温≥15 ℃的积温小于3000 ℃·d（图 3-59）。

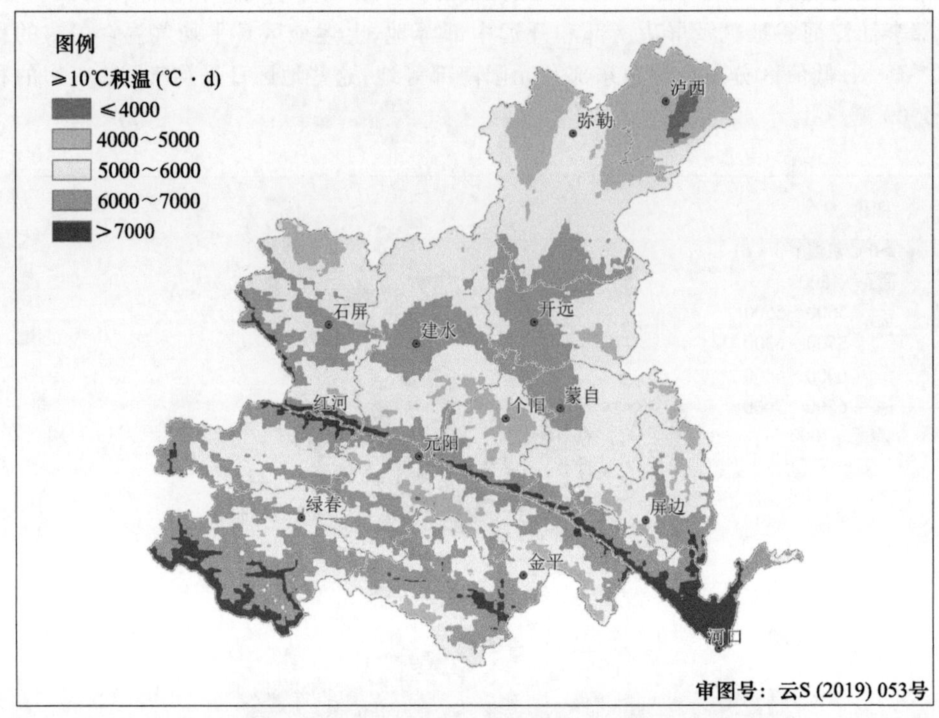

图 3-58 红河州日平均气温≥10 ℃的积温分布

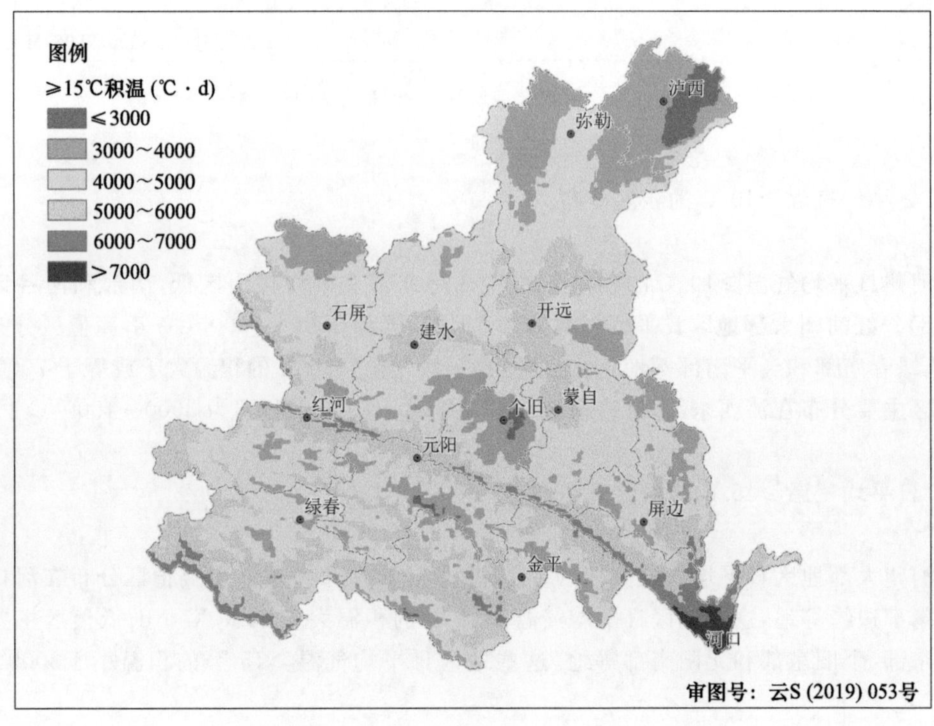

图 3-59 红河州日平均气温≥15 ℃的积温分布

3.2.7 日平均气温稳定通过 0 ℃期间的日数

红河州大部地区日平均气温稳定通过 0 ℃期间的日数在 350 d 以上，泸西中部、弥勒局部、开远东部、蒙自东北部、石屏东部和南部、建水南部、红河大部、元阳南部和金平南部边缘等地日平均气温稳定通过 0 ℃期间的日数少于 350 d，其中石屏南部和元阳中部地区日平均气温稳定通过 0 ℃期间的日数少于 320 d，是红河州日平均气温气温稳定通过 0 ℃期间的日数分布的低值区(图 3-60)。

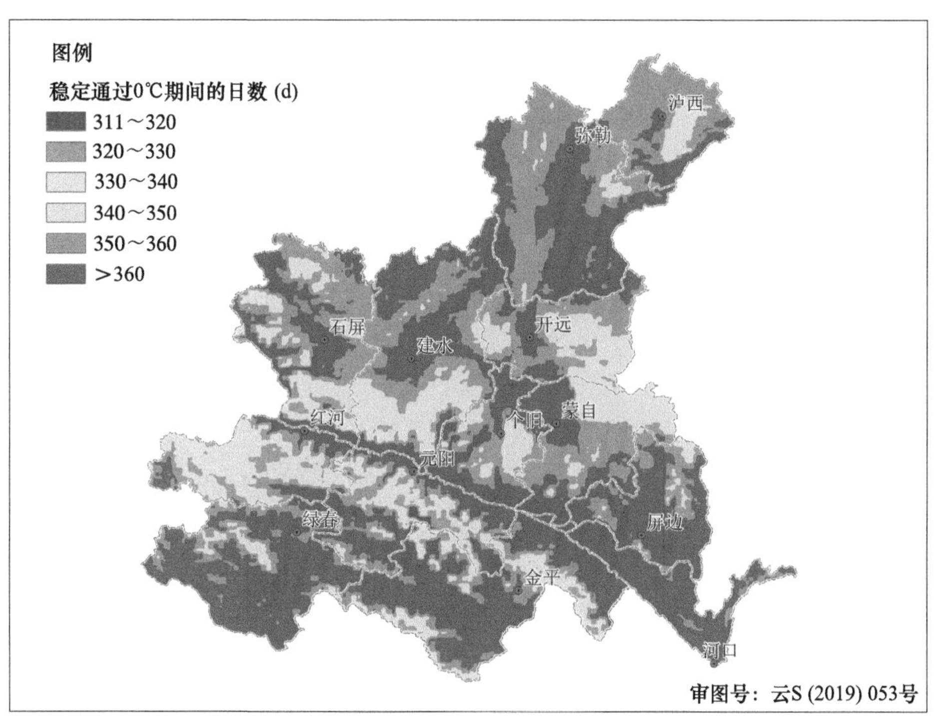

图 3-60 红河州日平均气温稳定通过 0 ℃期间的日数分布

3.2.8 日平均气温稳定通过 10 ℃期间的日数

红河州大部地区日平均气温稳定通过 10 ℃期间的日数为 280～340 d，高值区主要分布在河口南部和西部、蒙自南部边缘、红河北部、金平中部、绿春南部和西部等地，这些地区日平均气温稳定通过 10 ℃期间的日数超过 340 d；低值区主要分布在泸西东部和元阳中部等地，这些地区日平均气温稳定通过 10 ℃期间的日数不足 240 d(图 3-61)。

3.2.9 日平均气温稳定通过 15 ℃期间的日数

红河州大部地区日平均气温稳定通过 15 ℃期间的日数在 190～250 d 之间，高值区主要分布在河口南部、金平南部和绿春西南部边缘地区，这些地区日平均气温稳定通过 15 ℃期间的日数超过 270 d；低值区主要分布在泸西东部、个旧中部和元阳南部等地，这些地区日平均气温稳定通过 15 ℃期间的日数不足 170 d(图 3-62)。

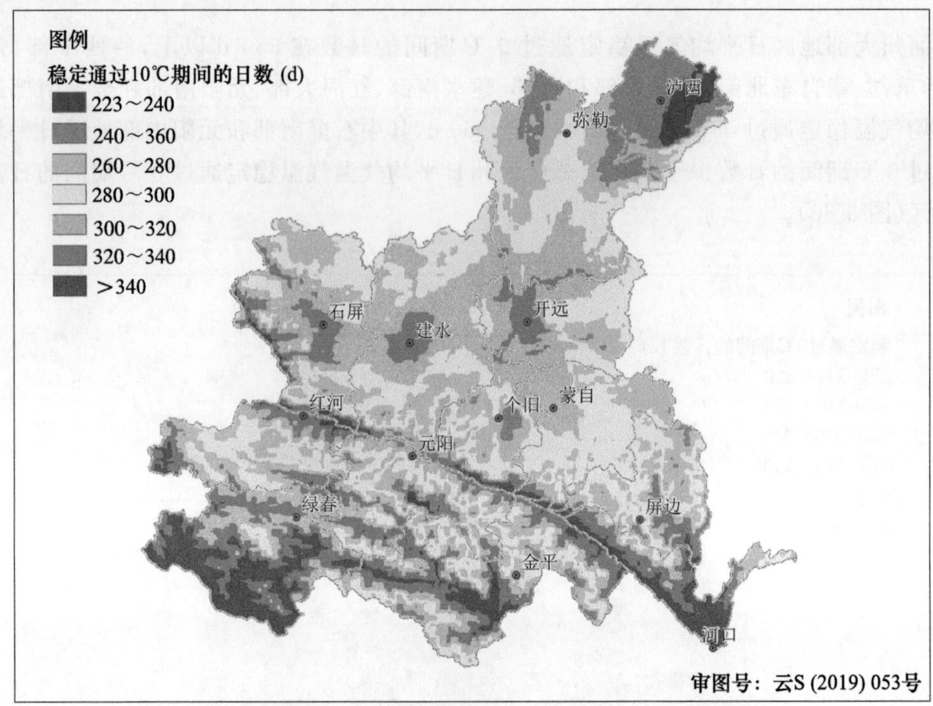

图 3-61　红河州日平均气温稳定通过 10 ℃期间的日数分布

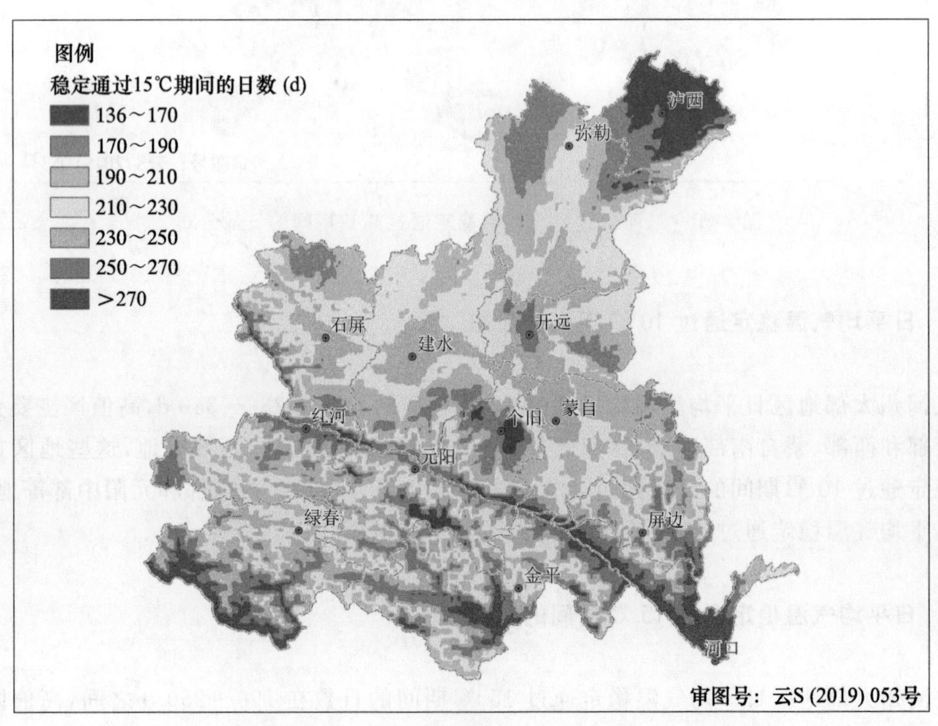

图 3-62　红河州日平均气温稳定通过 15 ℃期间的日数分布

3.3 降水资源

从年降水量空间分布(图 3-63)来看，整体呈现南多北少，南部山区多、中北部坝区少的分布特点，红河州大部地区年降水量在 900～1500 mm，年降水量的高值区主要分布在金平东部和南部、河口南部和绿春大部等地，这些地区年降水量大于 1700 mm；低值区主要分布在泸西中部、弥勒西部、开远大部、建水大部、石屏大部和蒙自中部等地，这些地区年降水量小于或等于 900 mm。

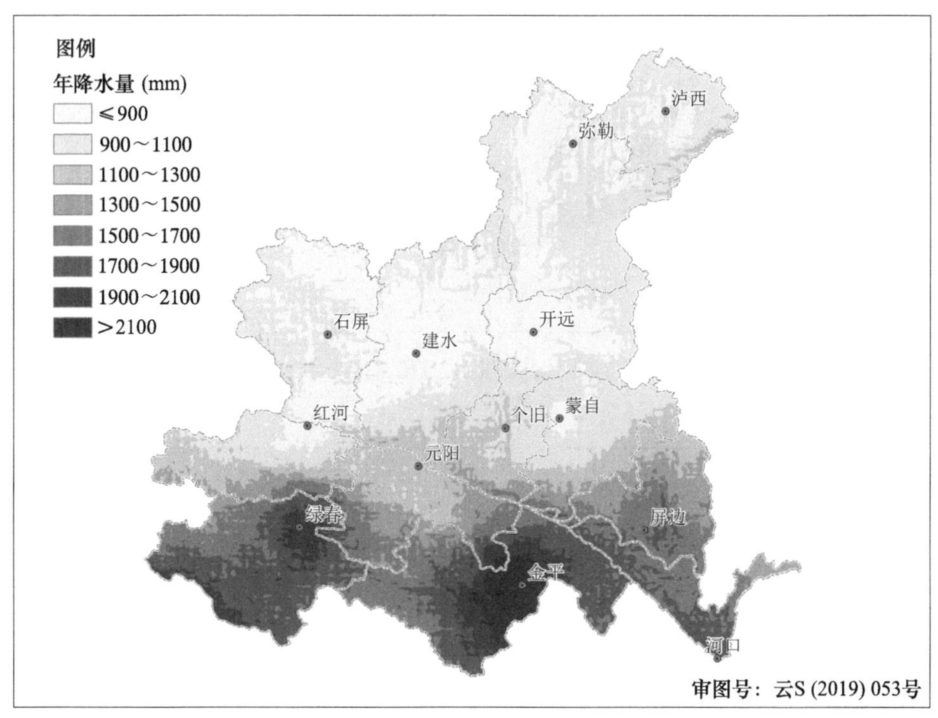

图 3-63 红河州年降水量分布

(1)冬季(12 月—次年 2 月)

12 月除金平南部和绿春中部及南部边缘月降水量大于 40 mm，其余各地月降水量普遍在 40 mm 以下，其中开远东部和石屏局部等地月降水量小于或等于 10 mm(图 3-64)。1 月红河州大部地区月降水量为 15～30 mm，河口北部、屏边南部、金平中部和绿春东部等地月降水量大于 30 mm，红河局部、石屏南部和开远中部等地月降水量小于或等于 10 mm(图 3-65)。2 月红河州大部地区月降水量为 15～40 mm，月降水量大于 30 mm 的区域范围较 1 月有所扩大，高值区分布在河口北部、屏边南部和金平南部等地，这些地区月降水量大于 40 mm；低值区分布在开远东部、蒙自北部、石屏南部和红河中部等地，这些地区月降水量小于或等于 15 mm(图 3-66)。

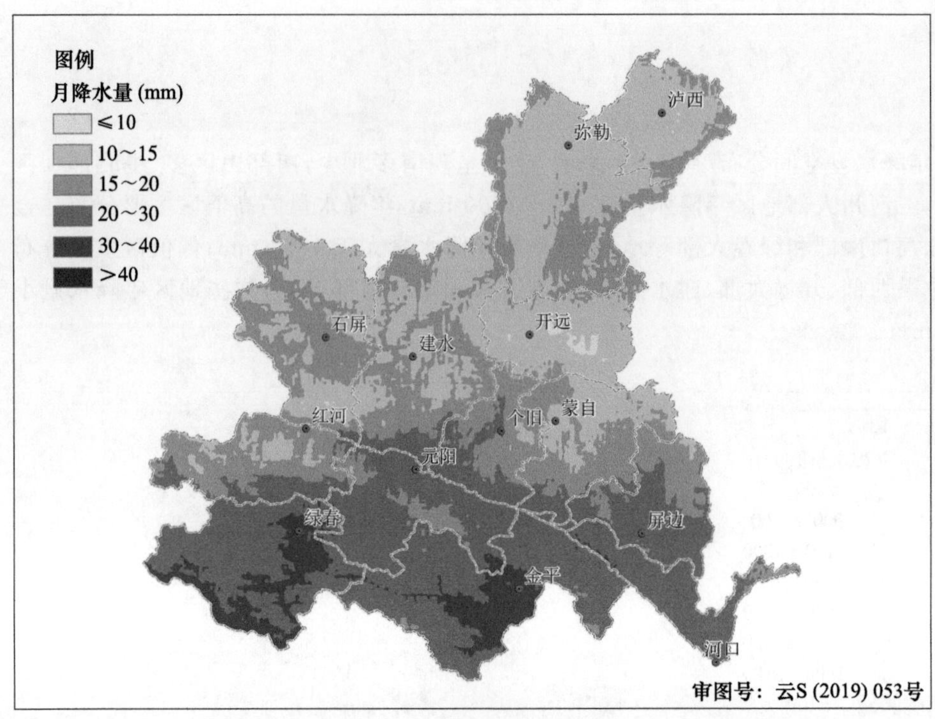

图 3-64　红河州 12 月降水量分布

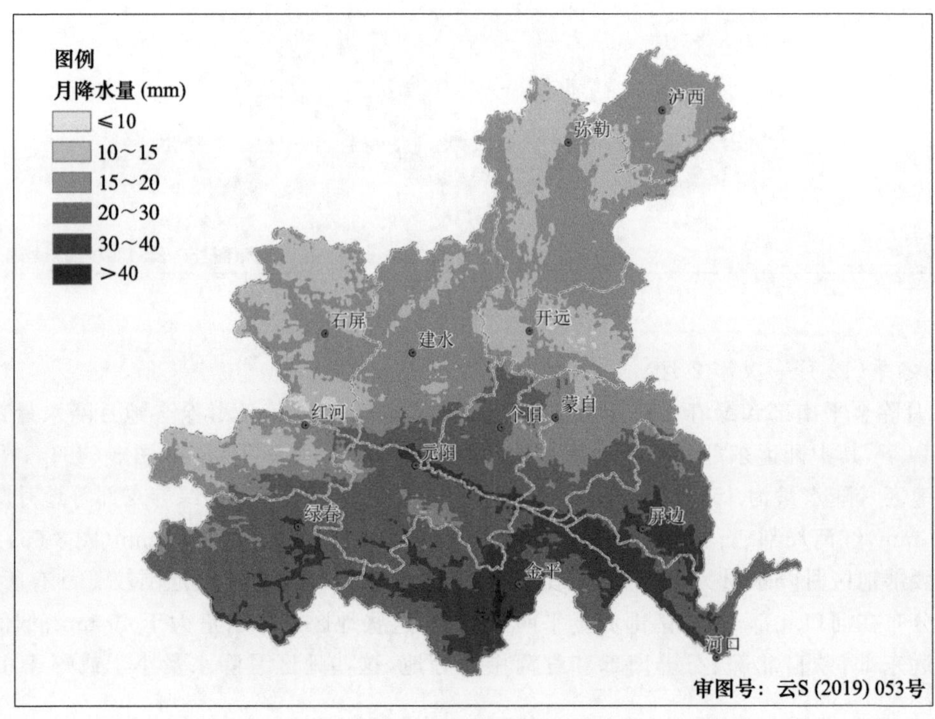

图 3-65　红河州 1 月降水量分布

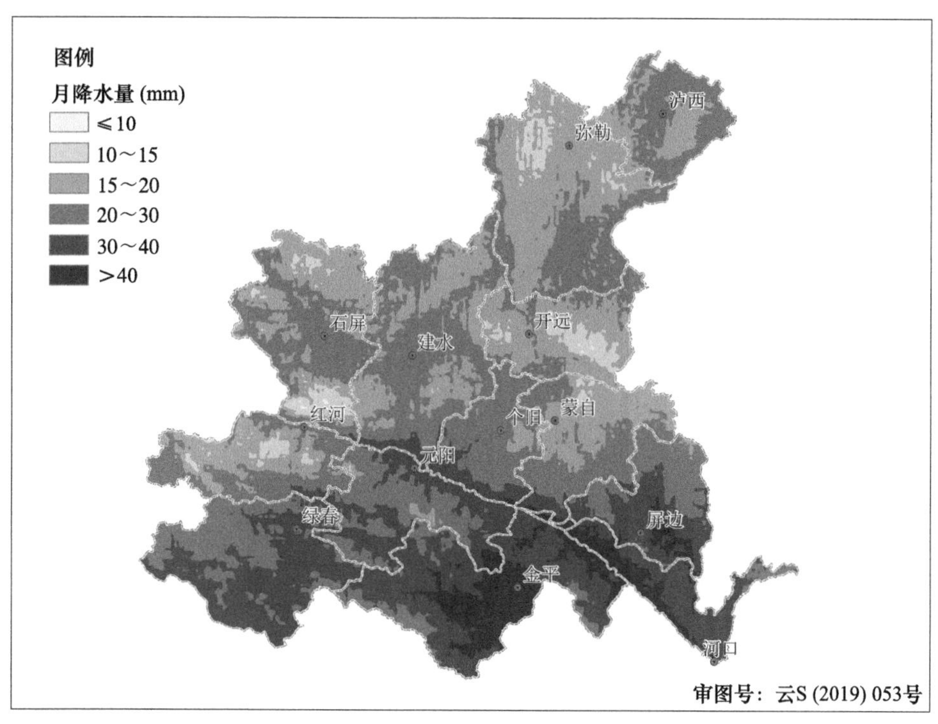

图 3-66 红河州 2 月降水量分布

(2)春季(3—5 月)

3 月红河州大部地区月降水量在 20～50 mm，高值区分布在河口、屏边南部、金平大部等地，月降水量大于 60 mm；低值区分布在弥勒北部、石屏北部和南部、开远东部和红河西部等地，这些地区月降水量小于或等于 20 mm(图 3-67)。4 月红河州月降水量开始逐渐增加，大部地区月降水量在 30～90 mm，高值区分布在河口、屏边南部和金平大部等地，这些地区月降水量大于 110 mm；低值区分布在泸西中部和弥勒北部等地，这些地区月降水量小于或等于 30 mm(图 3-68)。5 月红河州月降水量继续增加，大部地区月降水量在 90～170 mm，高值区分布在金平和绿春等地，这些地区月降水量大于 210 mm；低值区分布在泸西中部、弥勒西部、石屏北部和开远中部等地，这些地区月降水量小于或等于 90 mm(图 3-69)。

(3)夏季(6—8 月)

进入夏季，随着雨季的到来，红河州月降水量显著增加，6 月大部地区月降水量在 140～260 mm，高值区主要分布在金平中部和绿春东部，这些地区月降水量大于 340 mm；低值区主要分布在开远大部、蒙自北部、建水中部和石屏大部等地，这些地区月降水量小于或等于 140 mm(图 3-70)。7 月红河州大部地区月降水量在 140～260 mm，高值区主要分布在金平中部、绿春东部和南部边缘，这些地区月降水量大于 380 mm；低值区主要分布在泸西中部、弥勒南部、开远大部、建水大部、石屏大部和蒙自西部等地，这些地区月降水量小于或等于 180 mm(图 3-71)。8 月红河州各地降水开始逐渐减少，大部地区月降水量在 140～260 mm，高值区主要分布在河口南部、金平中部和绿春西南部边缘，这些地区月降水量超过 300 mm；低值区主要分布在建水中部、开远西部和石屏南部等地，这些地区月降水量小于或等于 140 mm(图 3-72)。

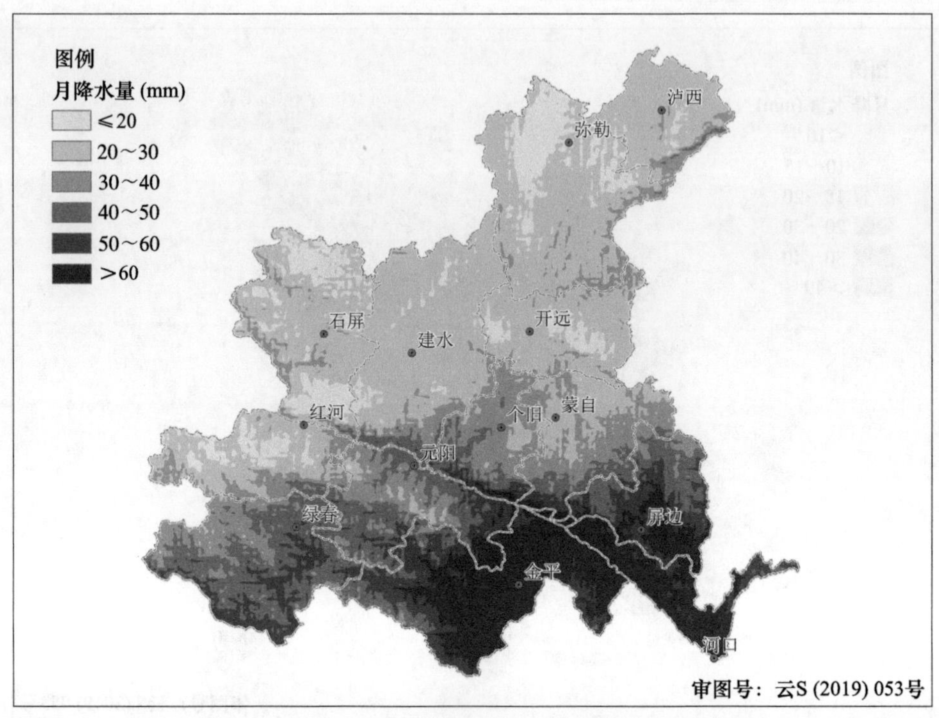

图 3-67　红河州 3 月降水量分布

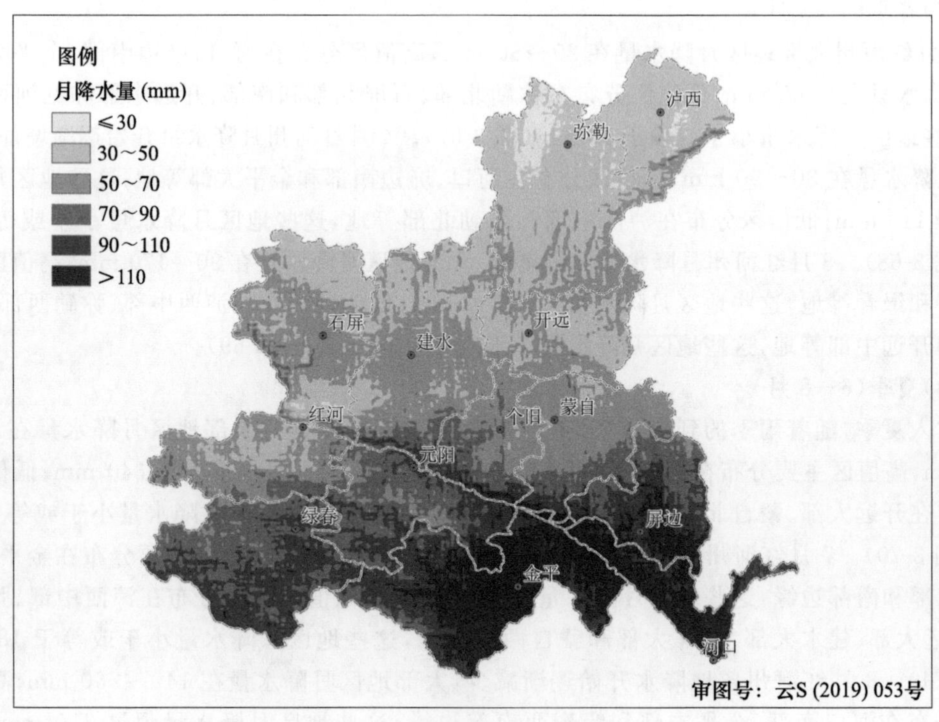

图 3-68　红河州 4 月降水量分布

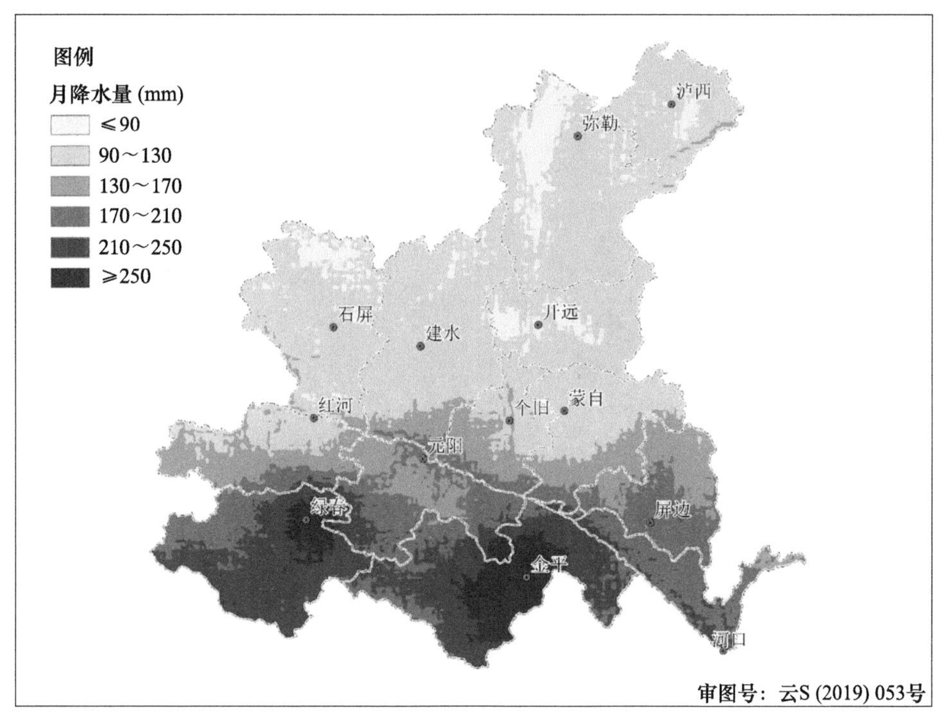

图 3-69　红河州 5 月降水量分布

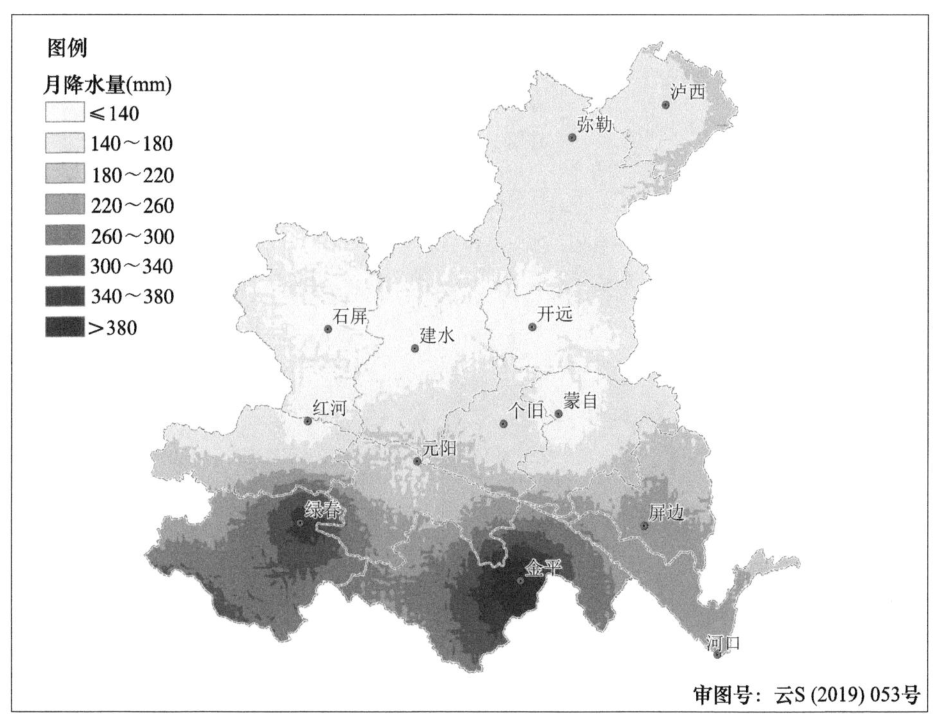

图 3-70　红河州 6 月降水量分布

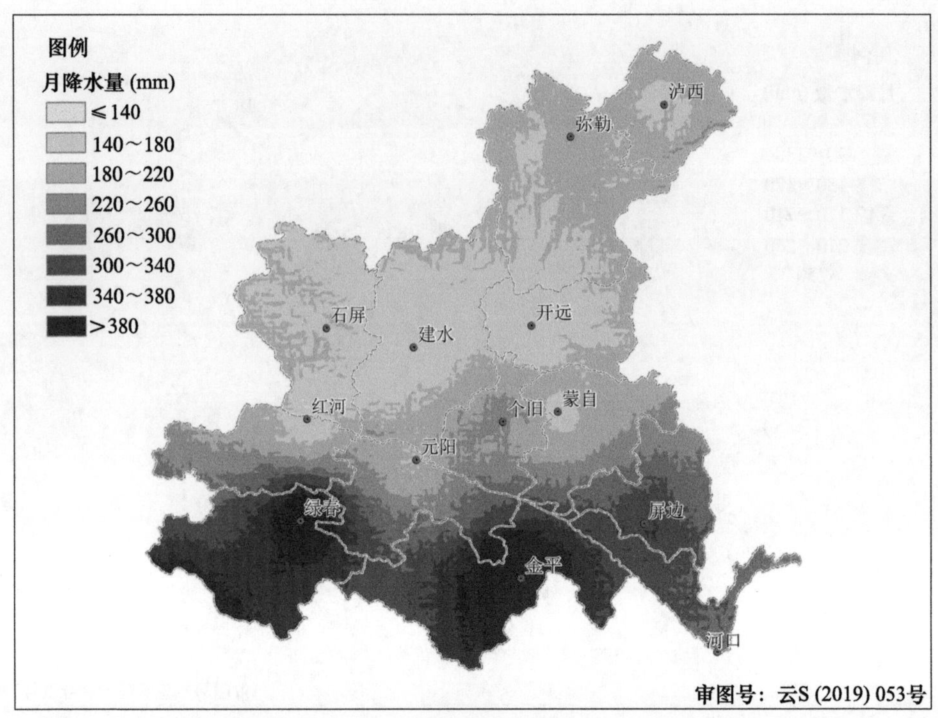

图 3-71　红河州 7 月降水量分布

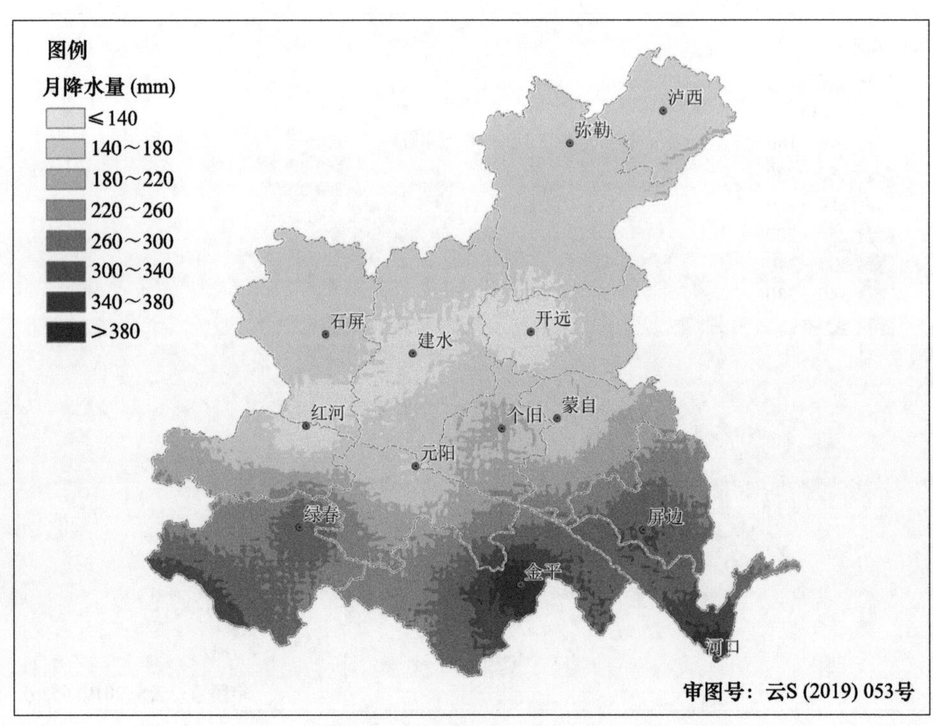

图 3-72　红河州 8 月降水量分布

(4)秋季(9—11 月)

9 月红河州各地降水明显减少,大部地区月降水量为 90～150 mm,高值区分布在绿春东北部和西南部边缘、金平中部和河口南部等地,月降水量大于 180 mm;低值区分布在建水中部、开远西部和石屏南部等地,月降水量小于或等于 90 mm(图 3-73)。10 月红河州大部地区月降水量小于 90 mm,屏边中南部、河口、金平、绿春、红河南部和元阳南部等地月降水量大于 90 mm(图 3-74)。11 月红河州各地降水量继续减少,月降水量的分布仍然是南多北少,大部地区月降水量为 40～70 mm(图 3-75)。

(5)月降水量时间变化特征

从图 3-76 中可以看出,各代表站点月降水量的变化均为“单峰型”。月降水量变化的波峰值主要出现在雨季开始以后的 6 月至 8 月,而月降水量变化的波谷值主要出现在旱季的 12 月至次年雨季开始前的 4 月。降水最多的县市是南部的金平、河口,最少的是建水、个旧。

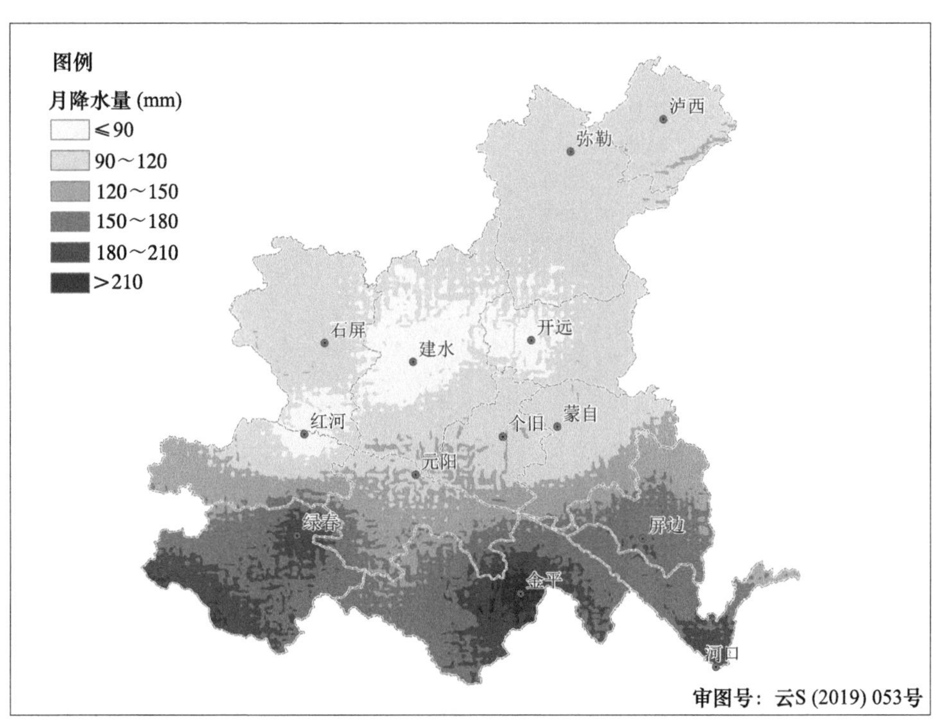

图 3-73　红河州 9 月降水量分布

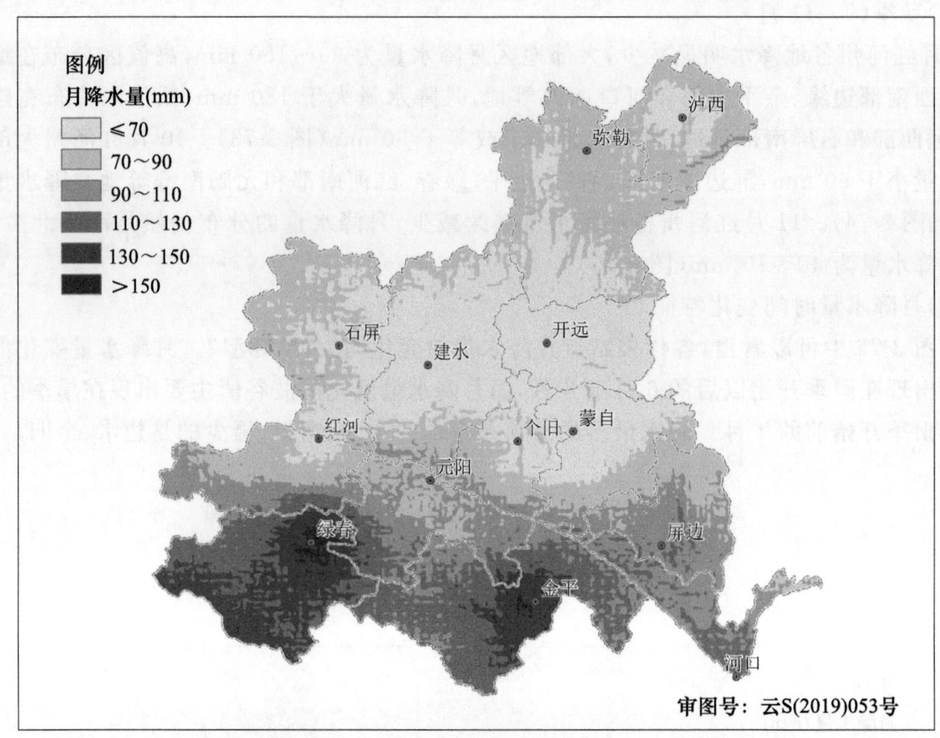

图 3-74　红河州 10 月降水量分布

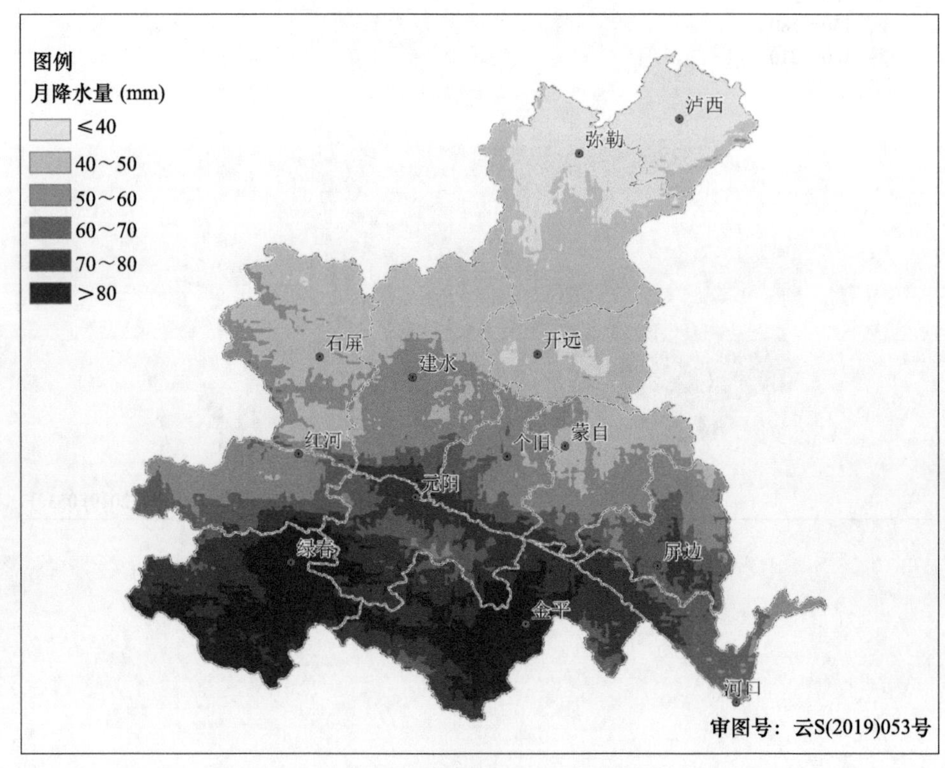

图 3-75　红河州 11 月降水量分布

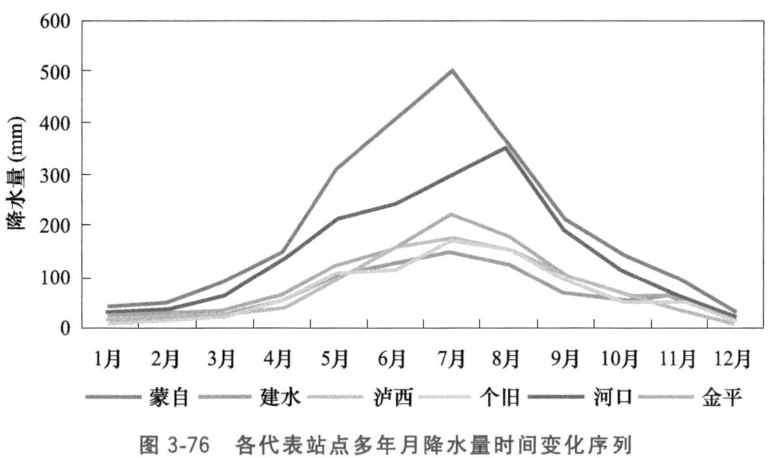

图 3-76 各代表站点多年月降水量时间变化序列

第 4 章　红河州综合农业气候资源区划

农业气候资源是指一个地区的气候条件对农业生产发展的潜在能力，包括能为农业生产所利用的气候要素中的物质和能量。它是农业自然资源的组成部分，也是农业生产的基本条件。组成农业气候资源的光、热、水等要素的数量、组合及分配状况，在一定程度上决定了一个地区的农业生产类型、生产效率和农业生产潜力。

农业气候区划是指在农业气候分析的基础上，以对农业地理分布和生物学产量有决定意义的农业气候指标为依据，遵循农业气候相似原理和地域分异规律，将一个地区划分为农业气候条件有明显差异的区域。它着重从农业生产的重要方面——农业气候资源和农业气象灾害出发，来厘清各地区农业气候条件对农业生产的利弊程度、分析比较地区间差异。农业气候区划是为制定农业生产计划和农业长远规划服务的，为各地合理利用农业气候资源、避免和减轻不利气候条件的影响，为农、林、牧、副、渔的合理布局，以及建设各类农产品生产基地，提供农业气候方面的科学依据。

4.1　热量资源区划

按照热量资源区划的指标（表 4-1），将红河州进行农业气候热量带划分，其中，中温带没有满足的区域，故红河州共分成 5 个农业气候热量带。红河州热量资源区划见图 4-1。

表 4-1　红河州热量资源区划指标

热量带	年≥10 ℃积温（℃・d）	年≥10 ℃期间的日数（d）	平均极端最低气温（℃）
北热带	＞7500	＞360	＞3
南亚热带	6000～7500	320～360	0～3
中亚热带	5000～6000	280～320	－3～0
北亚热带	4200～5000	220～280	－5～－3
南温带	3200～4200	160～220	－8～－5
中温带	1600～3200	100～160	－10～－8

从区划结果(图 4-1)来看,红河州从南到北,从低海拔河谷地带到高海拔山区,主要有北热带、南亚热带、中亚热带、北亚热带和南温带 5 个不同的自然气候带。

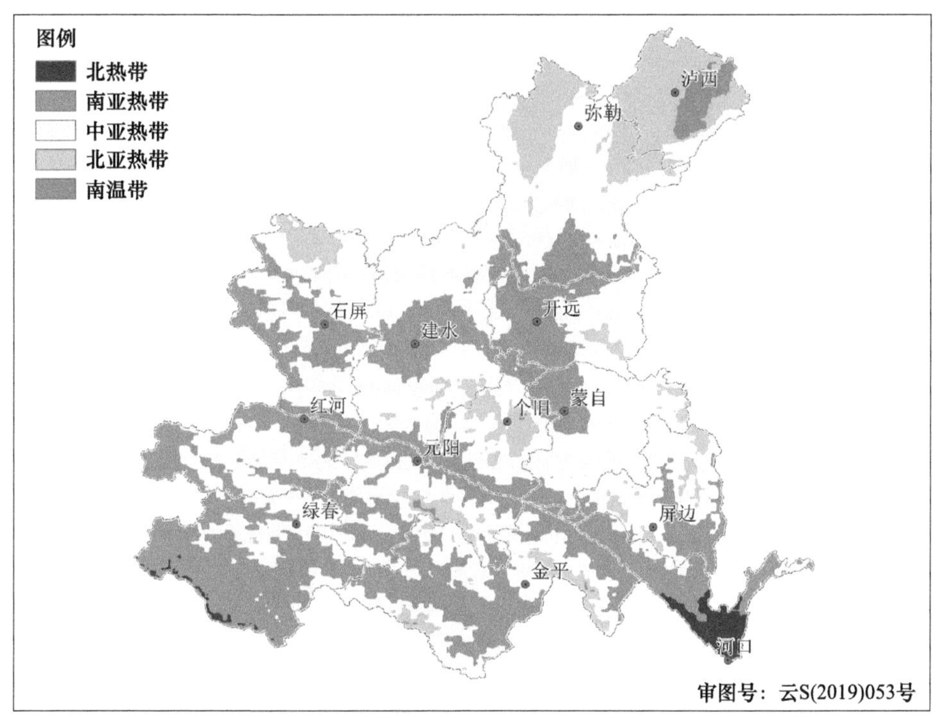

图 4-1　红河州热量资源区划

北热带即热带的北部边缘,主要分布在河口南部和绿春西南部边缘地区,这类地区热量丰富、光照充足,年平均气温在 20 ℃以上,年≥10 ℃积温在 7500 ℃・d 以上,最冷月均温大于 15 ℃,多年平均极端最低气温高于 3 ℃,全年基本无霜。作物可一年三熟。

南亚热带和中亚热带是红河州分布范围较大的两个气候带。南亚热带主要分布在三个河谷地带和中部坝区,具体是河口中北部、屏边南部、金平中部和东部、绿春大部、元阳北部和南部、个旧南部边缘、红河北部和西部、石屏中西部、建水中部、开远西部和蒙自北部等地。这些地区热量充足,年平均气温 18～20 ℃,年≥10 ℃积温 6000～7500 ℃・d,最冷月均温 10～15 ℃,多年平均极端最低气温 0～3 ℃,无霜期 330 d 左右。这些地区粮食作物以水稻、玉米、小麦、蚕豆和油菜为主,经济作物以烤烟、芒果、香蕉、甘蔗、葡萄、石榴为主。

中亚热带主要分布在屏边北部、蒙自大部、个旧北部、元阳中部、红河中部、绿春北部、开远东部、建水北部和南部、石屏北部和弥勒中部等地,这些地区日照充足、热量条件较好,年平均气温 16～18 ℃,年≥10 ℃积温 5000～6000 ℃・d,最冷月均温 8～10 ℃,多年平均极端最低气温－3～0 ℃。这些地区粮食作物以水稻、玉米、小麦、蚕豆和油菜为主,经济作物以烤烟、茶叶、甘蔗、柑橘为主。

北亚热带主要分布在泸西、弥勒北部、石屏北部、个旧中部和元阳东南部等地,这些地区四季如春、冬无严寒、夏无酷暑,热量条件尚可,日照充足。年平均气温为 14～16 ℃,年≥10 ℃积温 4200～5000 ℃・d,最冷月均温 6～8 ℃,多年平均极端最低气温－5～－3 ℃,适宜水稻、玉米、小麦和蚕豆等粮食作物,烤烟、油菜等经济作物和苹果、桃、李等水果生长。

南温带主要分布在泸西东部和元阳东南部的局部地区,这些地区气候温凉,年平均气温

12～14 ℃,年≥10 ℃积温 3200～4200 ℃·d,最冷月均温 2～6 ℃,多年平均极端最低气温 −8～−5 ℃,由于热量条件稍差,夏季高温不足,适宜种植小麦、玉米、薯类等粮食作物,烤烟、油菜等经济作物,以及苹果、梨等温带水果。

4.2 水分资源区划

按照水分资源区划的指标(表 4-2),将红河州分为 3 个农业气候水分区(图 4-2)。

表 4-2 红河州水分资源区划指标

水分区	年降水量(mm)	农业意义
湿润区	>1200	自然降水基本满足农业生产需要
半湿润区	850～1200	夏粮作物必须灌溉
半干旱区	≤850	没有灌溉产量不高不稳

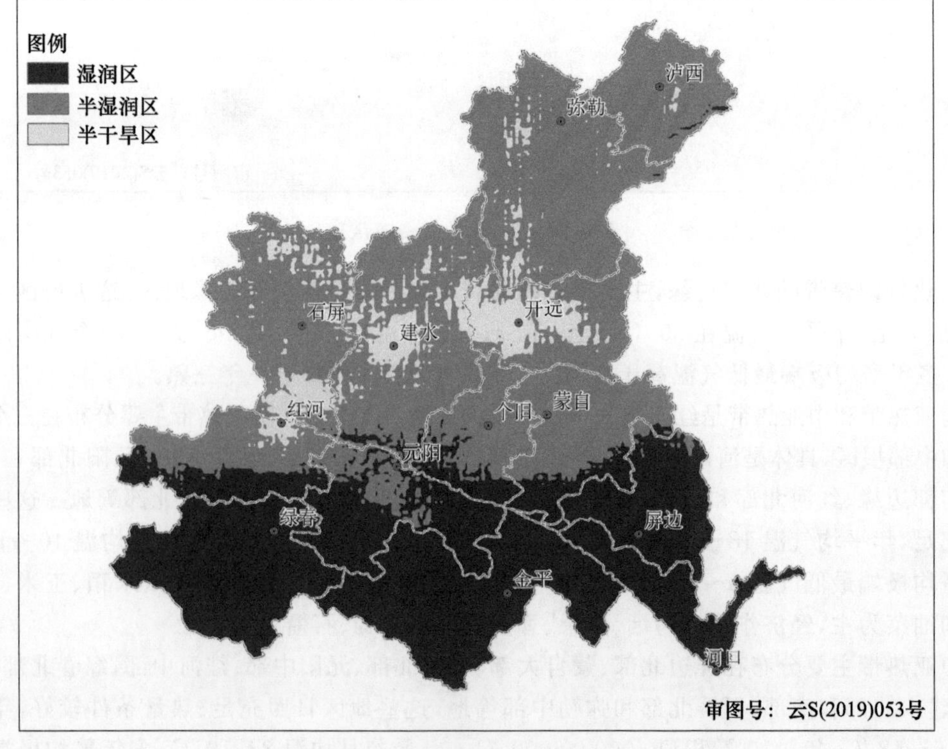

图 4-2 红河州水分资源区划

(1)湿润区

本区主要包括河口、屏边、金平、绿春、红河南部边缘、元阳东部和南部、个旧南部边缘和蒙自南部边缘地区。这些地区降水一般能满足作物生长需要,冬春季节偶有干旱出现。

(2)半湿润区

本区主要位于蒙自中北部、个旧中北部、红河北部、石屏大部、建水大部、开远东部、弥勒大部和泸西大部等红河州中北部地区。这些地区年降水量为 850～1200 mm,干湿季分明,干季降水较少，冬春干旱现象普遍，夏粮作物必须灌溉才能高产稳产。雨季开始期一般在5月下旬左右，秋粮作物栽种受雨季开始时间影响较大。

(3)半干旱区

本区主要分布在红河北部、石屏南部、建水中部、开远中西部和弥勒局部等地。这些地区年降水量一般在850 mm以下，干湿季分明，雨季开始晚，雨季时间短，作物缺水严重，没有灌溉作物产量无法保证。在保证灌溉的条件下，适宜种植枇杷、石榴、葡萄等经济林果。

4.3 综合农业气候区划

将一级农业气候热量带与二级农业气候水分区叠加，并在考虑地形、植被等因素的基础上，适当调整归并，将红河州划分为13个农业气候分区(图4-3)。

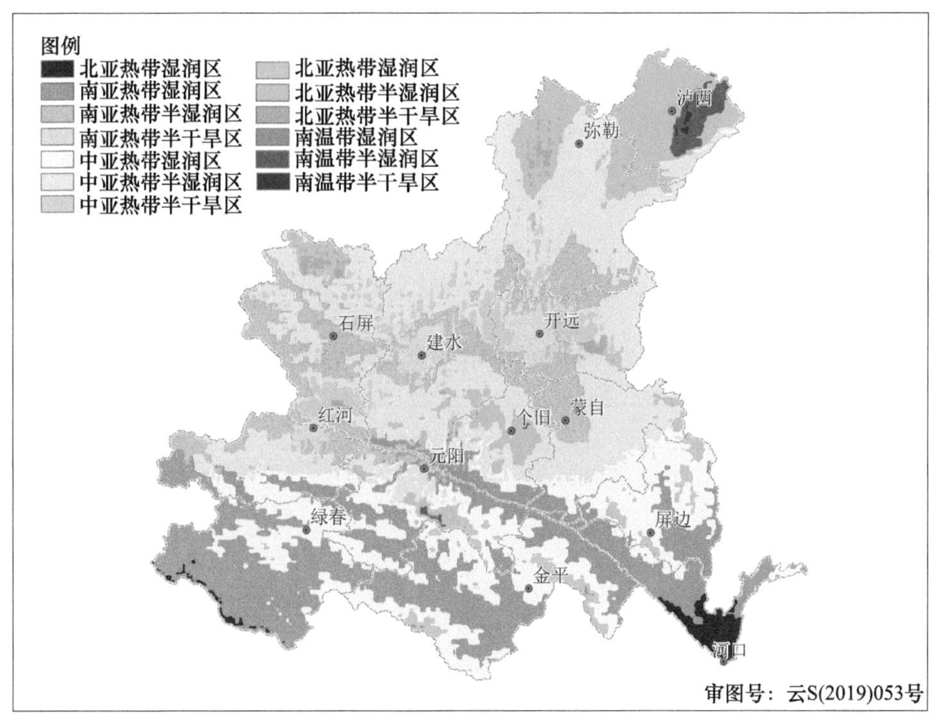

图4-3 红河州综合农业气候区划

(1)北热带湿润大春三熟粮、胶、经、果、热作区

本区主要分布在河口县南部及绿春西南部边缘海拔400 m以下地区(图4-4)。本区地处河谷地带，热量充裕、夏热冬暖、雨热同季，适宜种植双季稻、橡胶、菠萝、香蕉等热带作物、热带林木等。

(2)南亚热带湿润一年三熟粮、蔗、茶、果、经作区

本区主要分布在红河河谷、藤条江河谷、李仙江河谷及周边，具体是河口北部、屏边中部和南部、蒙自南部边缘、个旧南部边缘、金平中部、绿春大部和红河南部等地(图4-5)。这些地区气温高、热量充裕、降水充沛、光照充足、日照时间长，自然灾害相对较少。适宜种植的作物种类多，作物生长季节长，喜温作物全年都可生长，热带作物也有发展前景。大部分地区作物可

一年三熟或者两年五熟，适宜种植水稻、小麦、玉米等粮食作物，同时亦适宜发展甘蔗、茶叶、菠萝、芒果、香蕉和柑橘等热带、亚热带经济作物和水果。

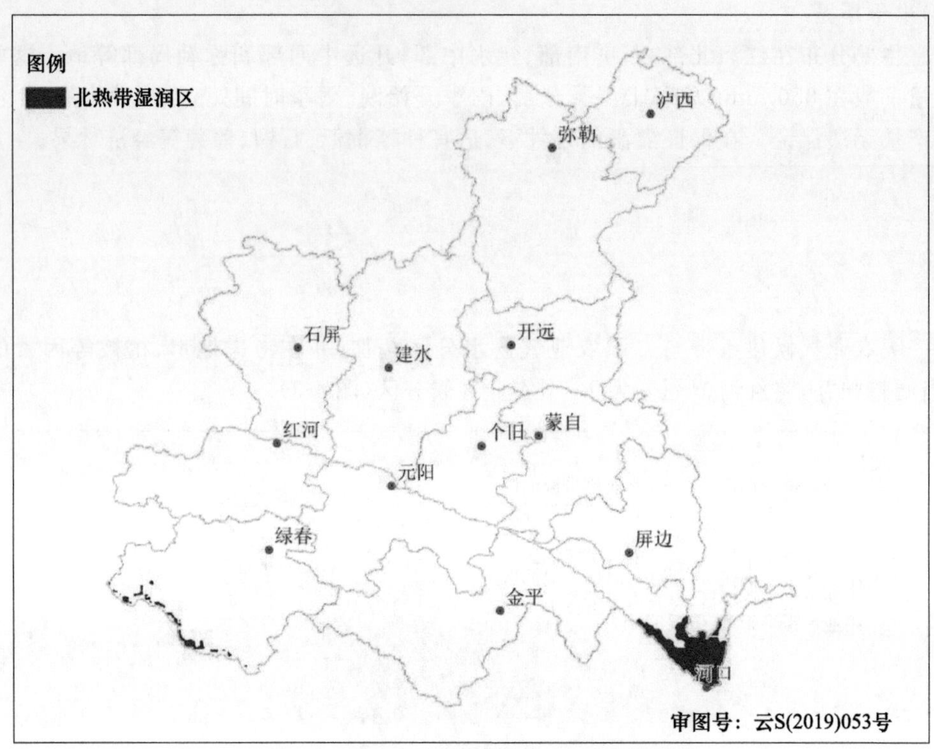

图 4-4 红河州北热带综合农业气候区划

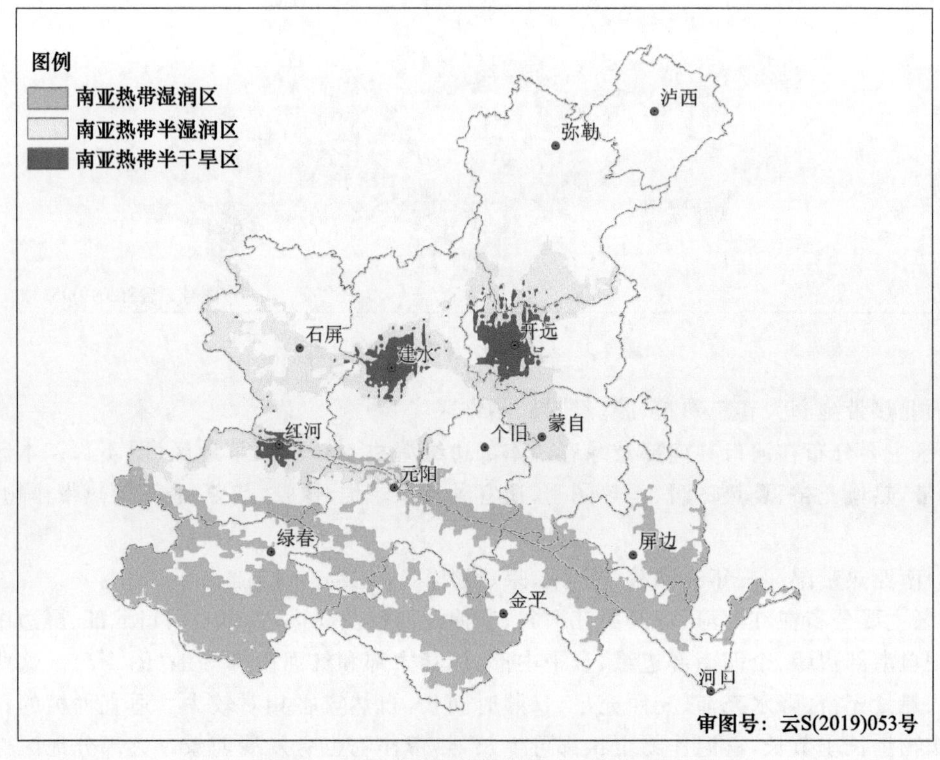

图 4-5 红河州南亚热带综合农业气候区划

(3)南亚热带半湿润一年三熟粮、蔗、果、经作区

本区主要分布在中部坝区,具体是弥勒南部、开远北部边缘和西南部边缘、蒙自西北部、建水中部、红河北部、元阳北部边缘和石屏中西部等地(图 4-5)。这些地区多为光、热、水资源较佳的地区,热量条件好,高温时段长,有充足的热量供作物生长发育之需;水湿条件优越,气候生产潜力大,喜温作物可终年生长。适宜种植的粮食作物包括水稻、玉米、小麦和豆类,经济作物包括甘蔗、油菜、茶叶等,热带、亚热带水果包括芒果、菠萝、柑橘、石榴等。

(4)南亚热带半干旱两年五熟粮、蔗、经作区

本区主要集中分布在建水中部、开远中西部和红河北部边缘地区(图 4-5)。这些地区气温较高,夏长无冬,冬春温暖而无严寒,夏秋暖热而无酷暑。气温日较差大,年较差小;年降水量少,干湿分明,雨季较迟,限制了光、热资源的充分利用;光资源充足,光能生产潜力大;雨热同季,干暖同季;适宜种植的粮食作物包括水稻、玉米、小麦,经济作物包括甘蔗、花生和油菜等,亚热带水果包括柑桔、葡萄等。

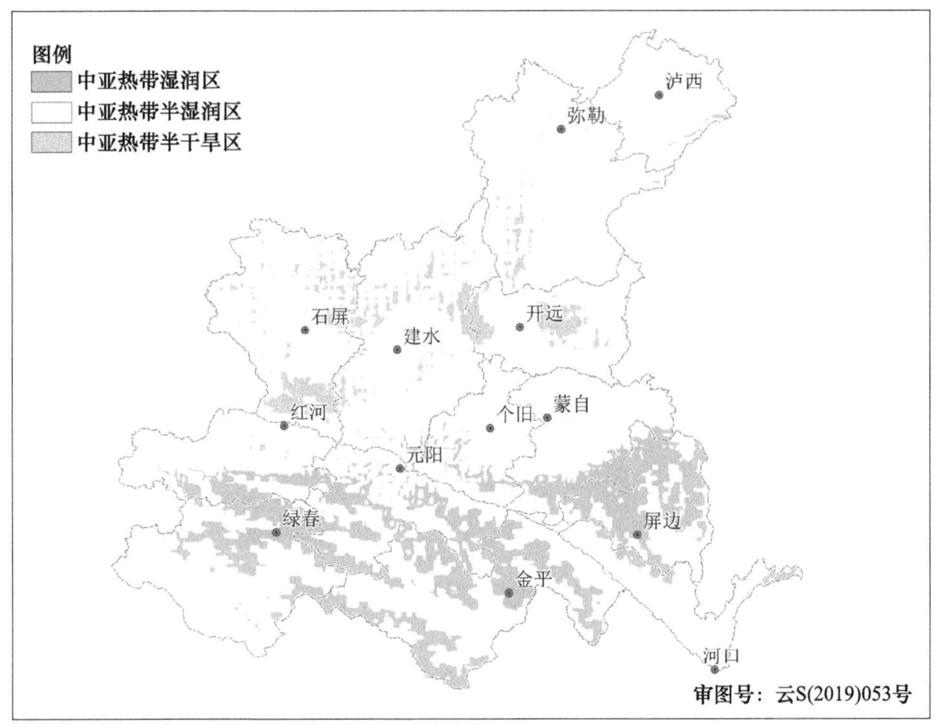

图 4-6 红河州中亚热带综合农业气候区划

(5)中亚热带湿润两年五熟粮、茶、果、经作区

本区包括屏边大部、金平局部、绿春北部、红河南部、元阳南部和蒙自南部等地(图 4-6)。这些地区气候温暖,热量条件较好,气温年较差地区差异明显,气温平均日较差普遍较小。降水丰沛,季节分配不均,干湿分明,雨热同季。日照较少,光能资源较差。适宜种植的粮食作物包括水稻、玉米和薯类等,经济作物包括茶叶、甘蔗、花生、油菜、草果等,亚热带和温带水果包括柑橘、桃子等。

(6)中亚热带半湿润两年五熟粮、烟、蔗、油、经作区

本区主要分布在弥勒大部、建水北部和南部、开远东部、蒙自东部、石屏北部、红河中部和元阳局部等地(图 4-6)。这些地区气候温暖,热量条件较好,冬春气温偏高,夏季高温不足;光

照充足，分配较均匀；降水量适中，干湿分明，冬春干旱少雨，夏秋多雨。适宜种植的粮食作物包括水稻、玉米、小麦和蚕豆等，经济作物包括烤烟、甘蔗、油菜、三七、草果、茶叶等，经济林果包括柑橘、芭蕉和核桃等。

(7)中亚热带半干旱一年两熟粮、蔗、烟、果、经作区

本区主要分布在开远中部和西部边缘、石屏南部和建水局部等地(图 4-6)。这些地区热量条件好，耕作制度一年两熟有余，三熟不足；降水量偏少，全年偏干，冬春干旱较为突出；且光照资源分布不均，东少西多。适宜种植的粮食作物有水稻、玉米、小麦、蚕豆、薯类等，经济作物有柑橘、葡萄、火龙果、甘蔗、烤烟、花生、油菜等。

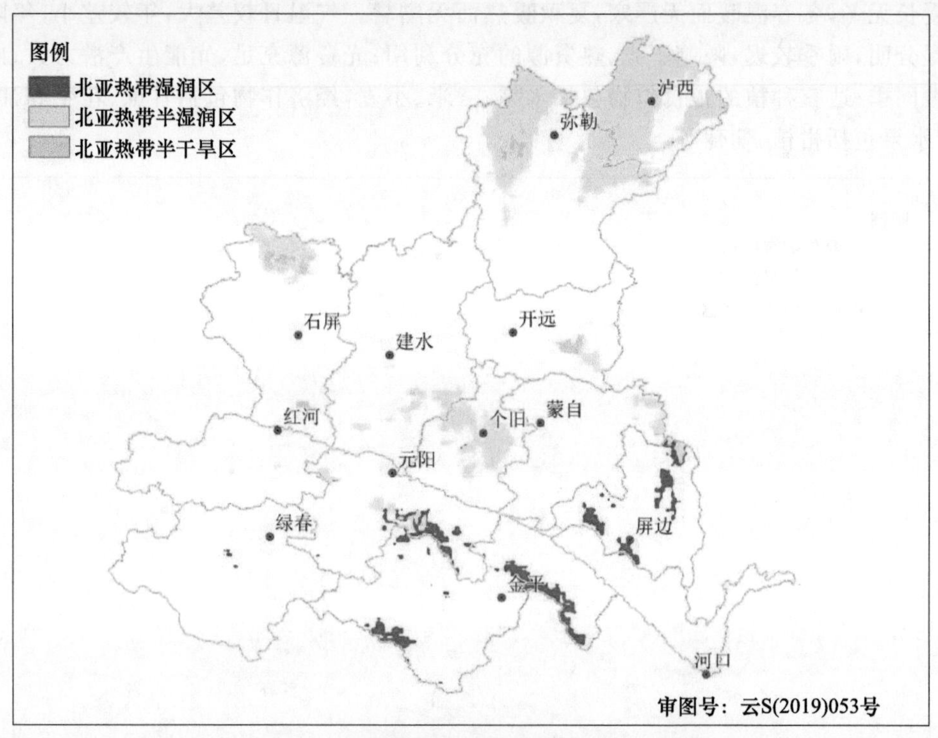

图 4-7 红河州北亚热带综合农业气候区划

(8)北亚热带湿润一年两熟粮、茶、油、林区

本区在红河州分布较少，主要集中分布在金平南部边缘、屏边局部和元阳东南部边缘地区(图 4-7)。这些地区气候温和，有冬无夏，春秋相连；降水充沛，雨日较多，有干湿季之分；气温日较差不大，年较差稍大。适宜种植的粮食作物有玉米、水稻、小麦、蚕豆等，经济作物有油菜、茶叶、烤烟、三七等，经济林木有核桃、油桐等。

(9)北亚热带半湿润一年两熟粮、烟、油、果、林区

本区主要分布在泸西大部、弥勒北部、石屏北部、个旧中部和蒙自东部边缘地区(图 4-7)。这些地区冬温夏暖，四季不明显，气温年较差小，日较差大；降水适中，干湿分明，雨热同季，干凉同季；光照充足，可满足多种作物生长发育需求。适宜种植的粮食作物主要有水稻、玉米、蚕豆、小麦等，经济作物有油菜、烤烟、蔬菜等，经济林果有柑橘、桃、梨、苹果、板栗、核桃、蚕桑等。

(10)北亚热带半干旱一年两熟粮、烟、油、林区

本区主要零星分布在开远东部、石屏北部和弥勒北部的局部地区(图 4-7)。这些地区日照

充足，春季气温回升快，秋季气温低于春季，四季温暖，全年温度变化平稳；年降水量少，降水年内分配不均，冬干夏湿。干旱是本区农业发展的主要限制因子。适宜种植的粮食作物以水稻、玉米、蚕豆、小麦为主，经济作物以油菜、烤烟为主，经济林果以核桃、蚕桑为主。

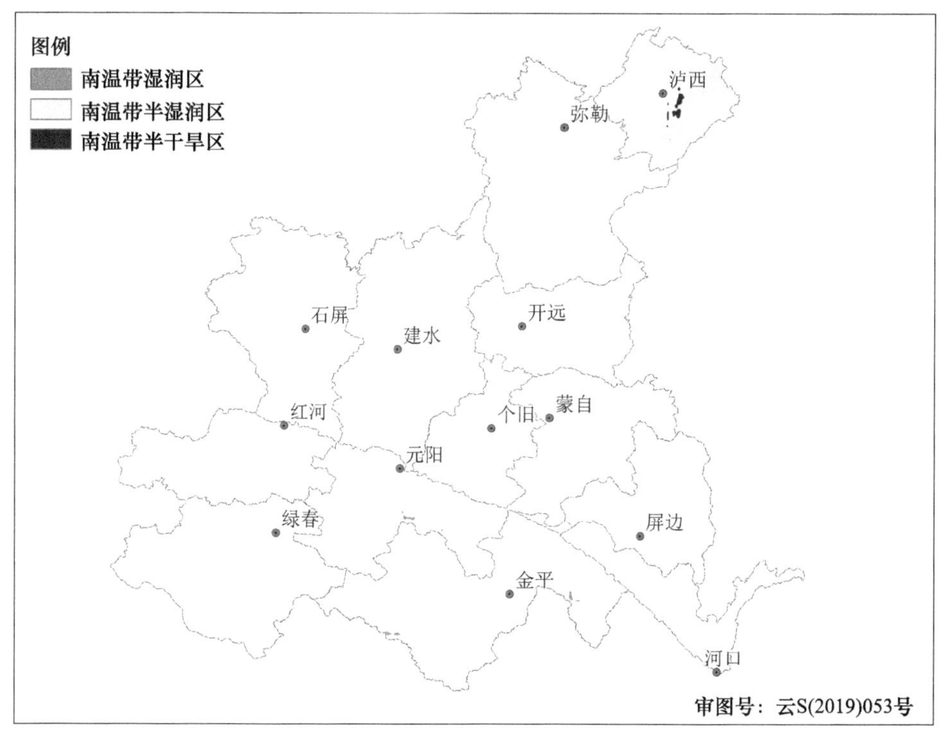

图 4-8 红河州南温带综合农业气候区划

(11)南温带湿润一年两熟粮、烟、林区

本区仅在元阳东南部边缘、金平局部有零星分布(图 4-8)。该地区气候温和，夏短冬长，热量条件较差；日照较少，光资源不足；年降水量较多，冬半年多连绵阴雨，夏半年雨量充沛。适宜种植的粮食作物有玉米、水稻、薯类、大豆、小麦等，以旱粮为主，稻作大部为粳稻，经济作物有烤烟、油菜等，经济林果有核桃、板栗、苹果等。

(12)南温带半湿润一年两熟粮、林、牧、果区

本区主要集中分布在泸西东部和元阳东南部(图 4-8)。这些地区气候温和，冬长无夏，春秋相连；干湿分明，降水适中，干凉同季，雨热同季。适宜种植的粮食作物以水稻(粳稻)、玉米、薯类为主，经济作物以油菜、马铃薯为主。

(13)南温带半干旱一年两熟粮、林、果区

本区仅在泸西东部海拔 1900 m 以上的山区有零星分布(图 4-8)。该地区热量条件较差，积温少，冬长无夏，春秋相连；干湿分明，降水量较少，尤以干季降水为甚，春旱经常发生；光照较为充足。主要种植粳稻、玉米、旱地小麦、薯类、蚕豆等粮食作物。

主要参考文献

卞福久,1984. 云南高原的低温度气候与水稻高产初步分析[J]. 农业气象,(3):21-24.

封志明,杨艳昭,丁晓强,等,2004. 气象要素空间插值方法优化[J]. 地理研究,23(3):357-364.

冯秀藻,沈国权,雷克森,等,1979. 杂交水稻的气象研究[J]. 气象,(10):21-25.

国际水稻研究所,1982. 水稻与气候[M]. 北京:农业出版社,233—248.

何声灿,1997. 冬季优质香料烟栽培技术[J]. 云南农业科技,(5):33-34.

红河州哈尼族彝族自治州政府,2018. 2017 年红河州年鉴[M]. 昆明:云南人民出版社.

红河州哈尼族彝族自治州政府,2017. 红河州气象灾害防御规划(2018-2021 年)[R].

黄建如,1990. 香料烟栽培技术规范化初探[J]. 浙江烟草,(1):20-25.

李军,黄敬峰,王秀珍,等,2005. 山区月平均气温的短序列订正方法研究[J]. 浙江大学学报(农业与生命科学版),31(2):165-170.

李新,程国栋,卢玲,2000. 空间内插方法比较[J]. 地球科学进展,15(3):260-265.

屠其璞,翁笃鸣,1978. 超短序列气象资料订正方法的研究[J]. 南京气象学院学报,(1):59-67.

王宇,等,2005. 云南山地气候[M]. 昆明:云南科技出版社.

殷端,乔连镇,宋玉川,等,2003. 香料烟品种在保山的生态适应性研究[J]. 云南农业大学学报,18(1):52-57.

殷端,屈生彬,2007. 云香巴斯玛一号在云南产区的适应性分析[J]. 云南农业大学学报,22(2):241-245.

殷端,宋玉川,张晨东,等,2004. 香料烟品种在云南保山怒江流域的适应性研究[C]//中国烟叶学术论文集,366-370.

俞芬,千怀遂,段海来,2008. 淮河流域水稻的气候适宜度及其变化趋势分析[J]. 地理科学,28(4):537-542.

袁淑杰,谷晓平,向红琼,等,2010. 基于 GIS 的贵州高原复杂地形下积温的精细空间分布[J]. 资源科学,32(12):2427-2432.

张茂松,朱勇,李晓燕,等,2009. 云南高原稻区水稻气候适宜度模型研究[J]. 云南农业科技,(3):16-17.

张文香,王成瑷,王伯伦,等,2006. 寒冷地区温度、光照对水稻产量及品质的影响[J]. 吉林农业科学,31(1):16-20.

赵之福,杜绍明,邵岩,1995. 香料烟栽培技术[M]. 昆明:云南民族出版社.

朱卫科,翟俊超,1994. 香料烟栽培技术研究[J]. 新疆烟草,(2):17-24.

Fu P,2000. A geometric solar radiation model with applications in Landscape ecology[D]. 2000. Lawrence Kansas,USA:University of Kansas.

Fu P, Rich P M, 2000. The Solar Analyst 1.0 Manual [Z]. Helios Environmental Modeling Institute (HEMI),USA.

Fu P, Rich P M, 2002. A geometric solar radiation model with applications in agriculture and forestry. Computers and Electronics in Agriculture,37:25-35.

Rich P M,Dubayah R,Hetrick W A,et al. ,1994. Using Viewshed models to calculate intercepted solar radiation:applications in ecology[R]. American Society for Photogrammetry and Remote Sensing Technical Papers,pp:524-529.

Rich P M,Fu P,2000. Topoclimatic habitat models[C]//Proceedings of the Fourth International Conference on Integrating GIS and Environmental Modeling.